建筑工程预算

主　编　李　珺
副主编　郭玉华　伍岳青
参　编（按姓氏拼音排序）
邓丽琼　傅楚楚　刘　翔
龙　敏　罗　健　杨　宁
游清霞　曾可夫　曾思智
朱　俊　朱　莹

北京理工大学出版社
BEIJING INSTITUTE OF TECHNOLOGY PRESS

内 容 提 要

本书围绕《建筑工程建筑面积计算规范》（GB/T 50353）、《建设工程工程量清单计价规范》(GB 50500) 和《江西省房屋建筑与装饰工程消耗量定额及统一基价表（2017 版）》编写。全书分为导学，土石方和基础工程，主体结构，围护结构，室外结构，装修工程，垂直运输费、超高层增加费和脚手架工程七个项目。本书以真实项目为载体，以造价岗位工作过程为导向，工作流程、技能目标、教与学、学与做、实战训练层层递进，实现了教学内容与工作过程的有机融合。

本书可作为高等院校土木工程类相关专业教材，也可供建筑工程造价员、造价工程师、监理工程师、项目经理及相关业务人员参考。

图书在版编目（CIP）数据

建筑工程预算 / 李珺主编.-- 北京：北京理工大学出版社，2022.8
　ISBN 978-7-5763-1622-3

　Ⅰ.①建… Ⅱ.①李… Ⅲ.①建筑预算定额 Ⅳ.①TU723.3

中国版本图书馆CIP数据核字(2022)第152399号

出版发行 / 北京理工大学出版社有限责任公司
社　　　址 / 北京市海淀区中关村南大街 5 号
邮　　　编 / 100081
电　　　话 / （010）68914775（总编室）
　　　　　　（010）82562903（教材售后服务热线）
　　　　　　（010）68944723（其他图书服务热线）
网　　　址 / http://www.bitpress.com.cn
经　　　销 / 全国各地新华书店
印　　　刷 / 河北鑫彩博图印刷有限公司
开　　　本 / 787 毫米 ×1092 毫米　1/16
印　　　张 / 16.5　　　　　　　　　　　　　　　　　责任编辑 / 钟　博
字　　　数 / 400 千字　　　　　　　　　　　　　　　文案编辑 / 钟　博
版　　　次 / 2022 年 8 月第 1 版　2022 年 8 月第 1 次印刷　　责任校对 / 周瑞红
定　　　价 / 89.00 元　　　　　　　　　　　　　　　责任印制 / 王美丽

图书出现印装质量问题，请拨打售后服务热线，本社负责调换

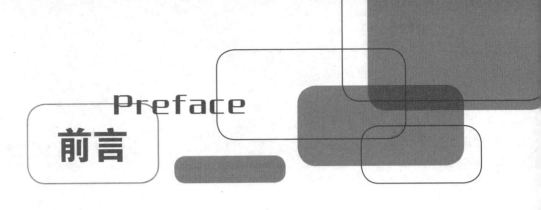

Preface

前言

　　我国工程造价行业相关政策不断变化，我校与合作企业在"三教"改革特别是精品课程建设方面不断探索，并涌现了一大批创新成果。为了更好地反映工程造价行业的新变化、新形势、新要求，同时，也为了更好地促进工学交替、产教融合，编者将近年来的课程建设成果兼收并蓄，按照高等院校工程造价专业教学标准收录到教材中。

　　本书以《建设工程工程量清单计价规范》（GB 50500—2013）、《江西省房屋建筑与装饰工程消耗量定额及统一基价表（2017版）》的分部分项工程体系作为内容结构体系；在此基础上，根据建筑空间立体构成划分为主体、室外及装饰等模块，便于初学者更好地形成空间想象能力及总体与局部相统一的逻辑思维。因此，本书架构体系既有很强的科学性，又兼具知识性和实用性。在本书栏目设计上，设置了知识目标、技能目标、教与学、学与做、实战训练及评价等栏目；同时，又根据课程思政及素质教育的要求，在技能目标后面设置了素质目标，并在每一项目中配备了"小故事大智慧"栏目，体现了"三教"改革及"课程思政"等教学改革元素和职业教育要求。本书将基本内容和参考资料分开，任务和解答分开，并以二维码等信息化教学元素单独呈现，从而增加了教学的趣味性和探究性。

　　本书主要特色体现在科学性、创新性、实践性、真实性及启发性五位一体。科学性在于本书以模块（项目）、任务进行内容编排，本书内容与建筑工程计量实务中的分部、分项对应。无论是案例分析的依据还是计算结果的报表，都符合国家颁布的定额、规范和计价办法的规定；另外，本书内容布局和案例选取等技术方面，都经过行业、企业单位中不少权威专家和一线技术骨干严格审核、把关。创新性在于编排形式上摒弃了传统教材的单一文字阐述的枯燥性，取而代之的是图形和图表为主、文字说明为辅，必要时附注知识链接路径。实践性在于本书教与学、学与做及实战训练等教学环节设计，相当于完成一个完整工程的计

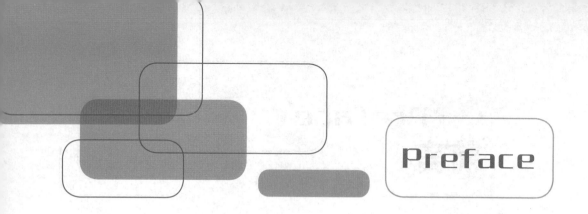

Preface

量过程；另外，实战训练部分既有小组组建、任务分配交底，又有任务管理和评价考核。真实性在于本书以一整套真实图纸为素材进行解析，实现真题真做、真刀实枪的训练目标。启发性在于问题与提示适当分开、任务与解答分开，同时任务问题按照循序渐进的方式设计，因此可以启发学生进行层层递进式的学习。

在内容编排上本书主要围绕建筑工程预算岗位要求，在案例分析中兼顾"定额计价""清单计价"两种模式；对于定额、清单计算规则不同的项目，本书分别列有两者不同的算法，也有两者的对比分析；对于工作实践中常见的问题、容易忽视或容易出错的地方，本书都有重要提示及针对性的分析，既符合教学做一体课堂组织的要求，也适合大、中专学生和企业一线生产人员自学或参考的需要。

本书由江西应用技术职业学院专业教师联合浙江城建建设集团有限公司、赣州建筑工业化有限公司、广州立德工程咨询有限公司的专业技术人员共同编写。本书在编写过程中参考和借鉴了有关专家的文献成果，也得到了江西应用技术职业学院、校企合作单位领导及同行的大力支持和帮助，在此一并表示衷心的感谢！

由于书中内容与形式完全创新的难度很大，加上编写时间仓促及水平有限，书中错漏与不当之处，敬请读者批评指正。

编　者

Contents

目录

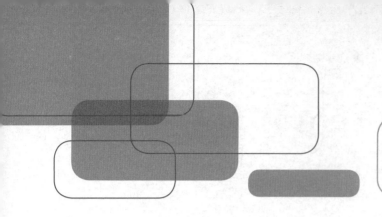

Contents

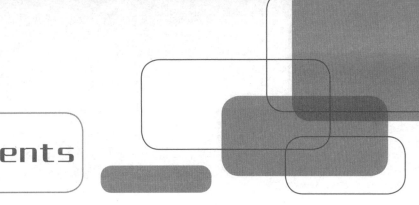

Contents

Contents

项目一　导　学

知识目标

1. 熟悉工程量计算的前期工作。
2. 掌握建筑面积计算规则。

技能目标

能够掌握工程计量的工作流程、建设项目的划分与工程造价关系、常见施工图例及常用结构构件代号、快速准确地完成工程量计算的方法。

素质目标

1. 培养学生独立思考能力。
2. 培养学生创新精神和创新能力。

1+X证书考点

建筑面积计算。

计算规范

建筑工程建筑面积计算规范

小故事大智慧

　　节约资源是保护生态环境的根本之策。扬汤止沸不如釜底抽薪，在保护生态环境问题上尤其要确立这个观点。对生态环境造成破坏的主要原因是对资源的过度开发、粗放型使用。如果竭泽而渔，最后必然是什么鱼也没有了，因此，保护生态环境必须从资源使用这个源头抓起。

　　工程计量是工程造价的一个重要环节。如果在实际操作过程中，对材料、设备及人工资源进行协调与整合，可以提高建筑资源的利用效率，杜绝浪费同时降低成本。例如，在领取材料时实施限额策略，在确定好材料消费量的限额内实施分批领用材料，一旦出现超额情况，进行针对性分析并及时采取措施。

任务一 岗前准备

一、岗位描述

建筑工程计量是造价师、造价员核心岗位能力，是在学习掌握政府、行业、业主的计量工作的规定和要求基础上，熟悉施工图纸与施工现场，通过工程量列项、工程算量、工程量套价取费一系列工作过程，最终得出价格，为工程成本核算、结算、决算提供依据。

二、工程过程

1. 建筑工程计量过程

建筑工程计量过程如下：

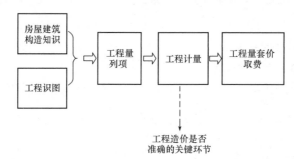

2. 工程算量工作流程

一般按施工先后顺序流程如下：

3. 工程量套价取费流程

一般按计价先后顺序流程如下：

三、工具和材料

1. 施工图纸

施工图纸是指经过会审的施工图，包括所附的文字说明、有关的通用图集和标准图集及施工图纸会审记录。它们规定了工程的具体内容、技术特征、建筑结构尺寸及装修做法等。因而，施工图纸是编制施工图预算的重要依据之一。

2. 工程量清单

工程量清单是建设工程的分部分项工程项目、措施项目、其他项目、规费项目和税金项目的名称与相应数量等的明细清单。其由分部分项工程量清单、措施项目清单、其他项目清单、规费和税金清单组成。

（1）分部分项工程量清单。分部分项工程量清单由项目编码、项目名称、项目特征、计量单位和工程量5个要素构成。

1）项目编码。项目编码是指分部分项工程量清单项目名称的数字标识。分部分项工程量清单的

姓名：　　　　　　　　　　班级：　　　　　　　　　　日期：

项目编码，按五级设置，用 12 位阿拉伯数字表示，即 1～9 位按《房屋建筑与装饰工程工程量计算规范》（GB 50854—2013）（以下简称《计算规范》）附录的规定设置；第五级编码，即第 10～12 位应根据拟建工程的工程量清单项目名称由其编制人设置。同一招标工程的项目编码不得有重码。

项目编码含义：

一、二位为专业工程代码（01—房屋建筑与装饰工程；02—仿古建筑工程；03—通用安装工程；04—市政工程；05—园林绿化工程；06—矿山工程；07—构筑物工程；08—城市轨道交通工程；09—爆破工程）。

三、四位为附录分类顺序码。

五、六位为分部工程顺序码。

七、八、九位为分项工程项目名称顺序码。

十至十二位为清单项目名称顺序码。由编制人依据项目特征的区别，从 001 开始，一共 999 码可以使用。

当同一标段（或合同段）的一份工程量清单中含有多个单位工程且工程量清单是以单位工程为编制对象时，在编制工程量清单时应特别注意对项目编码十至十二位的设置不得有重码的规定。

随着工程建设中新材料、新技术、新工艺等的不断涌现，工程量清单项目不可能包含所有项目。在编制工程量清单时，当出现未包括的清单项目时，编制人应做补充。在编制补充项目时应注意以下三个方面：第一，补充项目的编码应按规范的规定确定；具体做法如下：补充项目的编码由规范的专业工程代码 0×与 B 和三位阿拉伯数字组成，并应从 0×B001 起顺序编制，同一招标工程的项目不得有重码。第二，在工程量清单中应附补充项目的项目名称、项目特征、计量单位、工程量计算规则和工作内容。第三，将编制的补充项目报省级或行业工程造价管理机构备案。

2）项目名称。分部分项工程量清单的项目名称应按《计算规范》附录的项目名称，并结合拟建工程的实际情况确定。将编制的补充项目报省级或行业工程造价管理机构备案。

2013 年版清单规范内容如下：

工程量清单计价规范：1 本，即《建设工程工程量清单计价规范》（GB 50500—2013）（以下简称《计价规范》）。

工程量清单计量规范：9 本，即《计算规范》《仿古建筑工程工程量计算规范》（GB 50855—2013）、《通用安装工程工程量计算规范》（GB 50856—2013）、《市政工程工程量计算规范》（GB 50857—2013）、《园林绿化工程工程量计算规范》（GB 50858—2013）、《矿山工程工程量计算规范》（GB 50859—2013）、《构筑物工程工程量计算规范》（GB 50860—2013）、《城市轨道交通工程工程量计算规范》（GB 50861—2013）、《爆破工程工程量计算规范》（GB 50862—2013）。

3）项目特征。分部分项工程量清单项目特征应按《计算规范》附录中规定的项目特征、结合拟建工程项目的实际予以描述。项目特征也可参考《工程量清单项目特征描述指南》和已完工类似工程。项目特征必须描述清楚。如果招标人提供的工程清单对项目特征描述不具体、特征不明、界限不明会使投标人无法准确理解工程量清单项目的构成要素，评标时就会难以合理评定中标价，结算时也会引起发承包双方争议。在项目特征中，每个工作对象都有不同规格、型号、材质，这些必须说明。

4）计量单位。分部分项工程清单的计量单位应按《计算规范》附录中规定的计量单位确定。

5）工程量。工程量即工程的实物数量。分部分项工程量清单中所列工程量，应按《计算规范》附录中规定的工程量计算规则计算。

（2）措施项目清单。措施项目费是指为完成建设工程施工，发生于该工程施工前和施工过程中的技术、生活、安全、环境保护等方面的费用。措施项目清单应根据拟建工程的实际情况列项。若出现规范未列的项目，可根据工程实际情况补充。

1）安全文明施工费。

①环境保护费：是指施工现场为达到环保部门要求所需要的各项费用。

②文明施工费：是指施工现场文明施工所需要的各项费用。

③安全施工费：是指施工现场安全施工所需要的各项费用。

④临时设施费：是指施工企业为进行建设工程施工所必须搭设的生活和生产用的临时建筑物、构筑物和其他临时设施费用，包括临时设施的搭设、维修、拆除、清理费或摊销费等。

2）夜间施工增加费：是指因夜间施工所发生的夜班补助费、夜间施工降效、夜间施工照明设备摊销及照明用电等费用。

3）二次搬运费：是指因施工场地条件限制而发生的材料、构配件、半成品等一次运输不能到达堆放地点，必须进行二次或多次搬运所发生的费用。

4）冬雨期施工增加费：是指在冬期或雨期施工需增加的临时设施、防滑、排除雨雪，人工及施工机械效率降低等费用。

5）已完工程及设备保护费：是指竣工验收前，对已完工程及设备采取的必要保护措施所发生的费用。

6）工程定位复测费：是指工程施工过程中进行全部施工测量放线和复测的费用。

7）特殊地区施工增加费：是指工程在沙漠或其边缘地区、高海拔、高寒、原始森林等特殊地区施工增加的费用。

8）大型机械设备进出场及安拆费：是指机械整体或分体自停放场地运至施工现场或由一个施工地点运至另一个施工地点，所发生的机械进出场运输与转移费用与机械在施工现场进行安装、拆卸所需的人工费、材料费、机械费、试运转费和安装所需的辅助设施的费用。

9）脚手架工程费：是指施工需要的各种脚手架搭、拆、运输费用及脚手架购置费的摊销（或租赁）费用。

（3）其他项目清单。其他项目清单应根据拟建工程的具体情况确定，一般包括暂列金额、暂估价、计日工和总承包服务费等。

1）暂列金额：是指招标人在工程量清单中暂定并包括在合同价款中的一笔款项。其用于施工合同签订时尚未确定或者不可预见的所需材料、设备、服务的采购，施工中可能发生的工程变更、合同约定调整因素出现时的工程价款调整，以及发生的索赔、现场签证确认等费用。

暂列金额应根据工程特点，按有关计价规定估算。

2）暂估价：是指招标人在工程量清单中提供的用于支付必然发生但暂时不能确定价格的材料的单价及专业工程的金额。其包括材料暂估单价、专业工程暂估价。

暂估价中的材料单价应根据工程造价信息或参照市场价格估算；暂估价中的专业工程金额应分不同专业，按有关计价规定估算。材料暂估价应按招标人在其他项目清单中列出的单价计入综合单价；专业工程暂估价应按招标人在其他项目清单中列出的金额填写。

3）计日工：是指在施工过程中，承包人完成发包人提出的工程合同范围以外的零星项目或工作，按合同中约定的单价计量计价的一种方式。

计日工工程量应根据工程特点和有关计价依据计算。投标人进行计日工报价应按招标人在其他项目清单中列出的项目和数量，自主确定综合单价并计算计日工费用。

4）总承包服务费：是指总承包人为配合协调发包人进行的工程分包自行采购的设备、材料等进行管理、服务及施工现场管理、竣工资料汇总整理等服务所需的费用。

总承包服务费根据招标文件中列出的内容和提出的要求自主确定。

（4）规费和税金清单。规费和税金应按国家或省级、行业建设主管部门的规定计算，不得作为竞争性费用。这是由于规费和税金的计取标准是依据有关法律、法规和政策规定制定的，具有强制性。因此，投标人在投标报价时必须按照国家或省级、行业建设主管部门的有关规定计算规费和税金。

3. 预算定额

预算定额是确定一定计量单位工程人工、材料、机械消耗量的依据，规定了消耗在单位工程基本结构要素上的劳动力、材料和机械数量上的标准，也是计算分项工程单价的基础。

4. 经过批准的施工组织设计或施工方案

施工组织设计或施工方案是建筑施工中重要文件，它对工程施工方法、材料、构件的加工和堆放地点都有明确规定。这些资料直接影响工程量的计算和预算单价的套用。

5. 地区取费标准和有关动态调价文件

地区取费标准和有关动态调价按当地规定的费率及有关文件进行计算。

6. 工程的承包合同（或协议书）、招标文件

工程承包合同和招标文件是确定工程发包单位与承包单位双方之间权利与义务关系，并具有法律效力的经济契约。

7. 最新市场材料价格是进行价差调整的重要依据

按照造价管理部门调价文件的规定，进行材料补差，在同一价格期内按所完成的材料用量乘以价差。使用该地方定期发布主要材料供应价格和管理价格，对这一时期的工程进行抽料补差。

8. 预算工作手册

预算工作手册是将常用的数据、计算公式和系数等资料汇编成手册以便查用，可以加快工程量计算速度。

9. 有关部门批准的拟建工程概算文件

概算特点是编制工作相对简略，无须达到施工图预算的准确程度。经过批准的设计概算是工程建设投资的最高限额。

建筑施工计量前需准备的资料如图 1-1 所示。

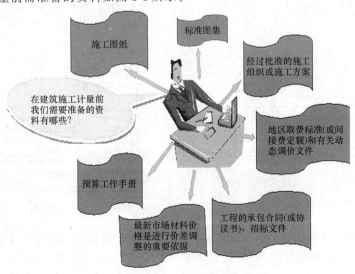

图 1-1 建筑施工计量前需准备的资料

四、工程量计算方法

为了防止漏项、减少重复计算，在计算工程量时应该按照一定的顺序，有条不紊地进行计算。下面分别介绍土建工程中工程量计算通常采用的几种顺序。

1. 按施工顺序计算

一般按施工先后顺序依次计算工程量，即按平整场地、土方开挖、基础垫层、基础、回填土、钢筋混凝土结构、砌墙、门窗、屋面防水、外墙抹灰、楼地面、内墙抹灰、楼地面、内墙抹灰、粉刷、油漆、零星子目等分项工程进行计算。但有时为了统筹计算，避免反复计算，在计算时也会适当调整顺序，如将门窗放在砖墙前面计算等。

2. 按定额顺序计算

按当地定额中的分部分项编排顺序计算工程量，即从定额的第一分部第一项开始，对照施工图纸，凡遇定额所列项目，在施工图中有的，就按该分部工程量计算规则计算出工程量；凡遇定额所列项目，在施工图中没有，就忽略，继续看下一个项目，若遇到有的项目，其计算数据与其他分部的项目数据有关，则先将项目列出，其工程量待有关项目工程量计算完成后，再进行计算。例如，计算墙体砌筑项目在《计算规范》的第四分部，而墙体砌筑工程量为（墙身长度×高度─门窗洞口面积）×墙厚─嵌入墙内混凝土及钢筋混凝土构件所占体积＋垛、附墙烟道等体积。这时可先将墙体砌筑项目列出，工程量计算可暂放缓一步，待第五分部混凝土及钢筋混凝土工程及第八分部门窗工程等工程量计算完毕后，再利用该计算数据补算出墙体砌筑工程量。

这种按定额编排计算工程量顺序的方法，可以帮助初学者有效地防止漏算重算现象。

3. 按图纸拟订一个有规律的顺序依次计算

（1）按顺时针方向计算。从平面图左上角开始，按顺时针方向依次计算。如图 1-2 所示，外墙从左上角开始，依箭头所指示的顺序计算，绕一周后又回到左上角。此方法适用外墙、外墙基础、外墙挖地槽、楼地面、天棚、室内装饰等工程量的计算。

（2）按先横后竖，先上后下，先左后右的顺序计算。以平面图上的横竖方向分别从左到右或从上到下依次计算，如图 1-3 所示。此方法适用内墙、内墙挖地槽、内墙基础和内墙装饰等工程量的计算。

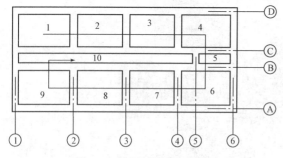

图 1-2　按顺时针方向计算

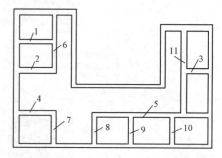

图 1-3　按先横后竖、先上后下、先左后右的顺序计算

（3）按照图纸上的构、配件编号顺序计算。在图纸上注明记号，按照各类不同的构、配件，如柱、梁、板等编号，顺序按柱 Z_1、Z_2、Z_3、Z_4…，梁 L_1、L_2、L_3…，板 B_1、B_2、B_3…构件编号依次计算，如图 1-4 所示。

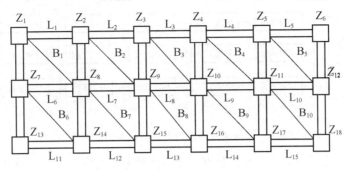

图 1-4 按构、配件编号顺序计算

（4）根据平面图上的定位轴线编号顺序计算。对于复杂工程，计算墙体、柱子和内外粉刷时，仅按上述顺序计算还可能发生重复或遗漏，这时，可按图纸上的轴线顺序进行计算，并将其部位以轴线号表示出来，如位于Ⓐ轴线上的外墙，轴线长为①～②，可标记为Ⓐ：①～②。此方法适用内外墙挖地槽、内外墙基础、内外墙砌体、内外墙装饰等工程量的计算。

五、工程量计算原则

工程量是编制施工图预算的基础数据，同时，也是施工图预算中最烦琐、最细致的工作。而且工程量计算项目是否齐全，结果准确与否，直接影响预算编制的质量和进度。为快速准确地计算工程量，计算时一般遵循以下原则。

1. 熟悉基础资料

在工程量计算前，应熟悉现行预算定额、施工图纸、有关标准图、施工组织设计等资料，因为它们都是计算工程量的直接依据。

2. 计算工程量的项目应与现行定额的项目相对应

工程量计算时，只有当所列的分项工程项目与现行定额中分项工程的项目完全一致时，才能正确使用定额的各项指标。尤其当定额子目中综合了其他分项工程时，更要特别注意所列分项工程的内容是否与选用定额分项工程所综合的内容一致，不可重复计算。

例如，现行定额楼地面工程找平层子目中，均包括刷素水泥浆一道，在计算工程量时，不可再列刷素水泥浆子目。

3. 工程量的计量单位必须与现行定额的计量单位相对应

现行定额中各分项工程的计量单位是多种多样的。主要有 m^3、m^2、m、t 和个等。所以，计算工程量时，所选用的计量单位应与之相同。

4. 必须严格按照施工图纸和定额规定的计算规则进行计算

计算工程量必须在熟悉和审查图纸的基础上，严格按照清单或定额规定的工程量计算规则，以施工图所标注尺寸（另有规定者除外）为依据进行计算，不能随意加大或缩小构件尺寸，以免影响工程量的准确性。

六、知识储备

1. 建设项目的划分与工程造价关系

为了能准确地计算出工程项目的造价，必须对整个项目进行分解，划分为便于计算的基本构成项目。工程建设项目按其组成内容不同，可划分为建设项目、单项工程、单位工程、分部工程、分项工程，如图 1-5 所示。

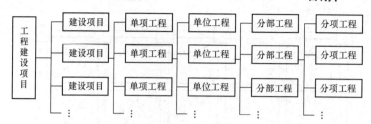

图 1-5　工程建设项目的分解与构成之间的关系

（1）建设项目。建设项目一般是指具有一个设计任务书，按一个总体设计组织施工的一个或几个单项工程所组成的建设工程。在工业建设中，一般是以一座工厂为一个建设项目，如一座汽车厂、机械制造厂等；在民用建设中，一般是以一个事业单位为一个建设项目，如一所学校、医院等。一个建设项目中，可以有几个单项工程，也可以有只有一个单项工程。

建设项目的工程造价一般是由设计总概算或修正概算来确定的。

（2）单项工程。单项工程是建设项目的组成部分。单项工程一般是指在一个建设项目中，具有独立的设计文件，建成后可以独立发挥生产能力或工程效益的项目，如一座工厂中的各个车间、办公楼、礼堂及住宅等，一所医院中的病房楼、门诊楼等。

单项工程是具有独立存在意义的一个完整的建筑及设备安装工程，也是一个很复杂的综合体。为了便于计算工程造价，单项工程仍需进一步分解为若干单位工程。

单项工程产品造价是由编制单项工程综合概预算来确定的。

（3）单位工程。单位工程是单项工程的组成部分。单位工程一般是指具有独立设计文件，可以独立组织施工和单独成为核算对象，但建成后一般不能单独进行生产、发挥效益的工程项目，如某车间是一个单项工程，该车间的土建工程就是一个单位工程，该车间的设备安装工程也是一个单位工程等。

每个单位工程仍然是比较大的综合体，对单位工程还可以按工程的结构形式、工程部位等进一步划分若干分部工程。

单位工程造价一般由编制施工图预算确定。

（4）分部工程。分部工程是单位工程的组成部分。分部工程一般是按单位工程的结构形式、工程部位、构件性质、使用材料、设备种类等的不同而划分的工程项目。例如，一般土建工程可以划分为人工土石方工程、机械土石方工程、桩基础工程、脚手架工程、砖石工程、混凝土及钢筋混凝土工程、机械化吊装及运输工程、木结构及木装修工程、楼地面工程、屋面工程、金属结构制作工程、厂院道路及排水工程、构筑物工程等分部工程。

分部工程费用是单位工程造价的组成部分。

（5）分项工程。分项工程是分部工程的组成部分。分项工程一般是按选用的施工方法、所使用材料及结构构件规格的不同等要素划分的，用较为简单的施工过程就能完成的，以适当的计量单位就可以计算工料消耗的最基本构成项目。例如，混凝土及钢筋混凝土分部工程中的带形基础、独立基础、满堂基础、设备基础、矩形柱、异形柱等均属于分项工程。装饰工程中的地面装饰工程根据施工方法、材料种类及规格等要素的不同，分项工程可进一步划分为大理石、花岗石、预制水磨石、木地板、防静电楼地板、彩釉砖、水泥花砖等。

分项工程是单项工程组成部分中最基本的构成要素。每个分项工程都可以用一定的计量单位计算，并能求出完成相应计量单位分项工程所需消耗的人工、材料、机械台班的数量及其预算价值。

综上所述，一个建设项目是由一个或几个单项工程组成的，一个单项工程是由几个单位工程组成的，一个单位工程又可划分为若干分部工程，一个分部工程又可划分成许多分项工程。

而工程建设项目造价的形成过程是在确定项目划分的基础上进行的。具体计算工作由分项工程工程量开始，按照一定的计价模式，按分项工程、分部工程、单位工程、单项工程、建设项目的顺序计算和编制形成相应产品的造价（图1-6）。

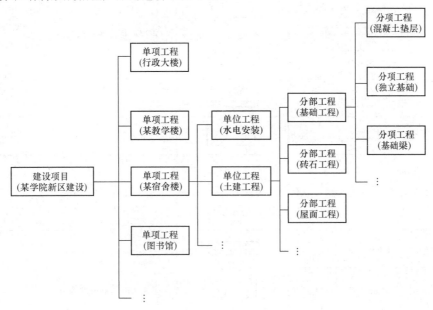

图1-6 工程建设项目的分解和工程造价的形成

2. 施工图识图能力

在用缩小比例绘制的施工图中，对于一些细部构造、配件及卫生设备等不能如实画出，为此，多采用统一规定的图例或代号来表示（表1-1、表1-2）。

表1-1 常用建筑图例

序号	名称	图例	备注
1	新建建筑物	8 ▲	1. 需要时，可用▲表示出入口，可在图形内右上角用点数或数字表示层数 2. 建筑物外形（一般以±0.00高度处的外墙定位轴线或外墙面线为准）用粗实线表示。需要时，地面以上建筑用中粗实线表示，地面以下建筑用细虚线表示
2	原有建筑物		用细实线表示
3	计划扩建的预留地或建筑物		用中粗虚线表示
4	拆除的建筑物		用细实线表示
5	建筑物下面的通道		

续表

序号	名称	图例	备注
6	散状材料露天堆场	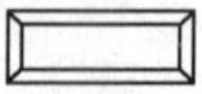	需要时可注明材料名称
7	其他材料露天堆场或露天作业场	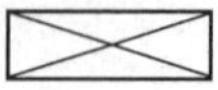	
8	铺砌场地	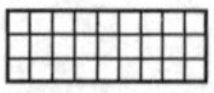	
9	敞棚或敞廊	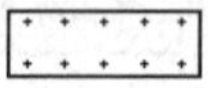	
10	高架式料仓		
11	漏斗式贮仓		
12	冷却塔（池）		应注明冷却塔或冷却池
13	水塔、贮罐	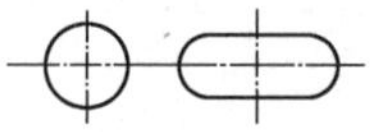	左图为水塔或立式贮罐，右图为卧式贮罐
14	水池、坑槽		也可以不涂黑
15	明溜矿槽（井）	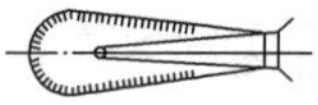	
16	斜井或平洞	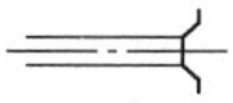	
17	烟囱	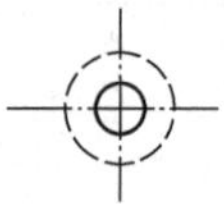	实线为烟囱下部直径，虚线为基础，必要时可注写烟囱高度和上、下口直径
18	围墙及大门		上图为实体性质的围墙，下图为通透性质的围墙，若仅表示围墙时不画大门
19	挡土墙		被挡土在凸出的一侧
20	挡土墙上设围墙		
21	台阶	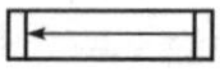	箭头指向表示向下
22	露天桥式起重机		"＋"为柱子位置

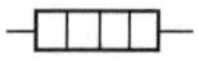

序号	名称	图例	备注
23	露天电动葫芦	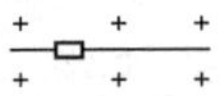 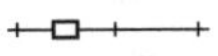	"+"为支架位置
24	门式起重机	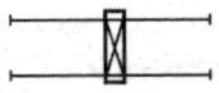 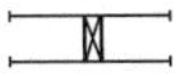	上图表示有外伸臂 下图表示无外伸臂
25	架空索道	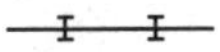	"I"为支架位置
26	斜坡卷扬机道	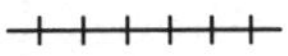	
27	斜坡栈桥（皮带廊等）	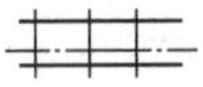	细实线表示支架中心线位置
28	坐标	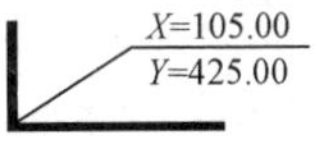 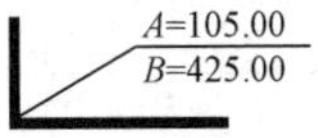 $X=105.00$ $Y=425.00$ $A=105.00$ $B=425.00$	上图表示测量坐标 下图表示建筑坐标
29	方格网交叉点标高	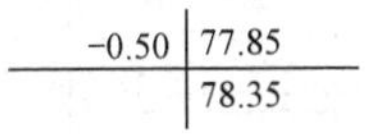 -0.50 │ 77.85 / 78.35	"78.35"为原地面标高 "77.85"为设计标高 "−0.50"为施工高度 "−"表示挖方（"+"表示填方）
30	填方区、挖方区、未整平区及零点线	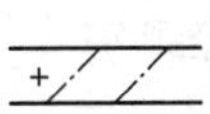 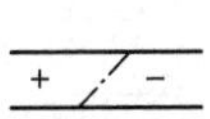 + / − + / −	"+"表示填方区 "−"表示挖方区 中间为未整平区 点画线为零点线
31	填挖边坡	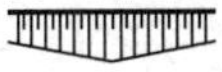	1. 边坡较长时，可在一端或两端局部表示 2. 下边线为虚线时表示填方
32	护坡	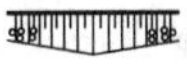	

序号	名称	图例	备注
33	分水脊线与谷线	 	上图表示脊线 下图表示谷线
34	洪水淹没线		阴影部分表示淹没区（可在底图背面涂红）
35	地表排水方向		
36	截水沟或排水沟	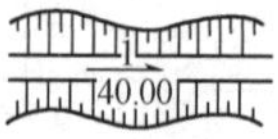 1 40.00	"1"表示1%的沟底纵向坡度，"40.00"表示变坡点间距离，箭头表示水流方向
37	雨水口		
38	消火栓井		
39	急流槽		箭头表示水流方向
40	跌水	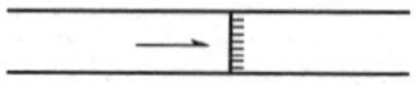	
41	拦水（闸）坝	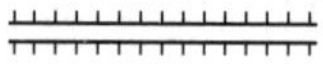	
42	透水路堤		边坡较长时，可在一端或两端局部表示
43	过水路面		
44	室内标高	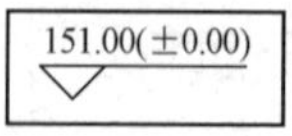 151.00($\pm$0.00)	
45	室外标高	●143.00▼143.00	室外标高也可采用等高线表示

表 1-2 常用结构构件代号

序号	名称	代号	序号	名称	代号	序号	名称	代号
1	板	B	13	圈梁	QL	25	桩	ZH
2	屋面板	WB	14	过梁	GL	26	柱间支撑	ZC
3	空心板	KB	15	连系梁	LL	27	垂直支撑	CC
4	槽形板	CB	16	基础梁	JL	28	水平支撑	SC
5	密肋板	MB	17	楼梯梁	TL	29	梯	T
6	楼梯板	TB	18	框架梁	KL	30	雨篷	YP
7	盖板	GB	19	檩条	LT	31	阳台	YT
8	檐口板	YB	20	屋架	WJ	32	梁垫	LD
9	墙板	QB	21	框架	KJ	33	预埋件	M
10	天沟板	TGB	22	柱	Z	34	钢筋网	W
11	梁	L	23	框架柱	KZ	35	钢筋骨架	G
12	屋面梁	WL	24	构造柱	GZ	36	基础	J

实战训练

根据住宅楼图纸，讨论不同的分部分项工程的计算顺序。

图纸　　　　　　　微课　　　　　　　任务书　　　　　　　评价
(用浏览器扫描，
下载图纸文件)

任务二　建筑面积的计算

 教与学

知识准备

（1）建筑面积的计算应根据《建筑工程建筑面积计算规范》（GB/T 50353—2013）进行计算。

（2）建筑面积计算规则（由于内容较多此处仅列第一条规则，其他内容详见项目一建筑面积计算规则二维码）。建筑物的建筑面积应按自然层外墙结构外围水平面积之和计算。结构层高在 2.20 m 及以上的，应计算全面积；结构层高 2.20 m 以下的，应计算 1/2 面积。

【案例 1-1】　某单层建筑物外墙轴线尺寸如图 1-7 所示，墙厚均为 240 mm，轴线居中，试计算该建筑物的建筑面积。

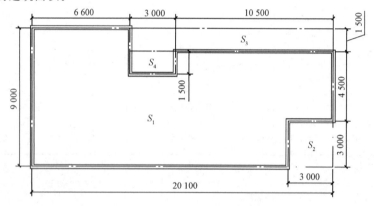

图 1-7　某单层建筑物外墙轴线尺寸

引导问题： 建筑物的建筑面积按墙中心线计算还是外墙外边线计算？

_____

_____

_____

💡 **小提示**

建筑物的建筑面积应按自然层外墙结构外围水平面积之和计算，即外墙外边线计算。

　　　　　　　　　　　　　　　　　　　　　　　　　　　　　▲●■

案例解答：

建筑面积 $S = S_1 - S_2 - S_3 - S_4 = 20.34 \times 9.24 - 3 \times 3 - 13.5 \times 1.5 - 2.76 \times 1.5$

$$= 154.552 \ (m^2)$$

⚙ **学与做**

【案例 1-2】　某五层建筑物的各层建筑面积一样，底层外墙尺寸如图 1-8 所示，墙厚均为 240 mm，试计算该建筑物的建筑面积（轴线居中）。

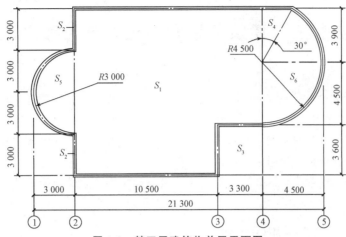

图 1-8 某五层建筑物单层平面图

案例解答：

_____

_____

_____

_____

案例解答

总结拓展

对于复杂的图形，可以借用 CAD 软件来辅助完成，这样计算速度快且准确，并可避免手算的误差。

▲●■

实战训练

完成住宅楼建筑面积的计算。

图纸　　　　　微课　　　　　任务书　　　　　评价

(用浏览器扫描，

下载图纸文件)

任务三　建筑工程费用组成与计算方法

教与学

知识准备

（1）建筑安装工程费按照费用构成要素划分：由人工费、材料（包含工程设备）费、施工机具使用费、企业管理费、利润、规费和增值税组成。

（2）建筑安装工程费按照工程造价形成由分部分项工程费、措施项目费、其他项目费、规费、增值税组成。

一、建筑安装工程费用的概念

建筑安装工程费用是进行建筑安装工程所发生的一切费用。它是基本建设概（预）算的主要组成部分。

住房和城乡建设部、财政部关于印发《建筑安装工程费用项目组成》的通知（建标〔2013〕44号），自2013年7月1日起施行。

《建筑安装工程费用项目组成》（建标〔2013〕44号）

二、建筑安装工程费用的组成及其计算方法

1. 按照费用构成要素划分

建筑安装工程费按照费用构成要素划分，可分为人工费、材料（包含工程设备）费、施工机具使用费、企业管理费、利润、规费和税金（图1-9）。其中，人工费、材料费、施工机具使用费、企业管理费和利润包含在分部分项工程费、措施项目费、其他项目费中。

（1）人工费：是指按工资总额构成规定，支付给从事建筑安装工程施工的生产工人和附属生产单位工人的各项费用。其有以下内容：

1）计时工资或计件工资：是指按计时工资标准和工作时间或对已做工作按计件单价支付给个人的劳动报酬。

2）奖金：是指对超额劳动和增收节支支付给个人的劳动报酬，如节约奖、劳动竞赛奖等。

3）津贴补贴：是指为了补偿职工特殊或额外的劳动消耗和因其他特殊原因支付给个人的津贴，以及为了保证职工工资水平不受物价影响支付给个人的物价补贴，如流动施工津贴、特殊地区施工津贴、高温（寒）作业临时津贴、高空津贴等。

4）加班加点工资：是指按规定支付的在法定节假日工作的加班工资和在法定日工作时间外延时工作的加点工资。

5）特殊情况下支付的工资：是指根据国家法律、法规和政策规定，因病、工伤、产假、计划生育假、婚丧假、事假、探亲假、定期休假、停工学习、执行国家或社会义务等原因按计时工资标准或计时工资标准的一定比例支付的工资。

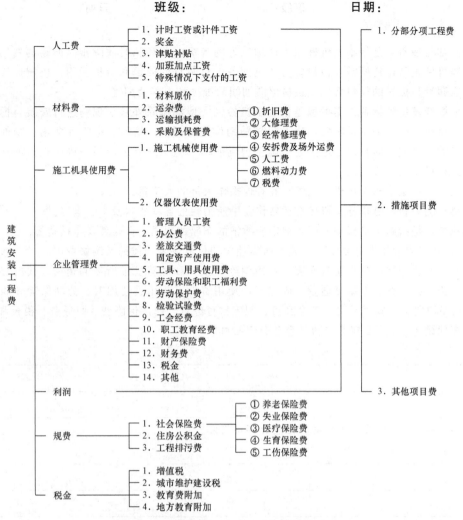

图 1-9 建筑安装工程费用项目组成表
（按照费用构成要素划分）

（2）材料费：是指施工过程中耗费的原材料、辅助材料、构配件、零件、半成品或成品、工程设备的费用。其有以下内容：

1）材料原价：是指材料、工程设备的出厂价格或商家供应价格。

2）运杂费：是指材料、工程设备自来源地运至工地仓库或指定堆放地点所发生的全部费用。

3）运输损耗费：是指材料在运输装卸过程中不可避免的损耗。

4）采购及保管费：是指为组织采购、供应和保管材料、工程设备的过程中所需要的各项费用，包括采购费、仓储费、工地保管费、仓储损耗。

5）工程设备：是指构成或计划构成永久工程一部分的机电设备、金属结构设备、仪器装置及其他类似的设备和装置。

（3）施工机具使用费：是指施工作业所发生的施工机械、仪器仪表使用费或其租赁费。

1）施工机械使用费：以施工机械台班耗用量乘以施工机械台班单价表示，施工机械台班单价应由下列七项费用组成：

①折旧费：是指施工机械在规定的使用年限内，陆续收回其原值的费用。

②大修理费：是指施工机械按规定的大修理间隔台班进行必要的大修理，以恢复其正常功

能所需的费用。

　　③经常修理费：是指施工机械除大修理以外的各级保养和临时故障排除所需的费用。其包括为保障机械正常运转所需替换设备与随机配备工具附具的摊销和维护费用，机械运转中日常保养所需润滑与擦拭的材料费用及机械停滞期间的维护和保养费用等。

　　④安拆费及场外运费：安拆费是指施工机械（大型机械除外）在现场进行安装与拆卸所需的人工、材料、机械和试运转费用以及机械辅助设施的折旧、搭设、拆除等费用；场外运费是指施工机械整体或分体自停放地点运至施工现场或由一施工地点运至另一施工地点的运输、装卸、辅助材料及架线等费用。

　　⑤人工费：是指机上司机（司炉）和其他操作人员的人工费。

　　⑥燃料动力费：是指施工机械在运转作业中所消耗的各种燃料及水、电等。

　　⑦税费：是指施工机械按照国家规定应缴纳的车船使用税、保险费及年检费等。

　　2）仪器仪表使用费：是指工程施工所需使用的仪器仪表的摊销及维修费用。

　　（4）企业管理费：是指建筑安装企业组织施工生产和经营管理所需的费用。其内容包括管理人员工资、办公费、差旅交通费、固定资产使用费、工具用具使用费、劳动保险和职工福利费、劳动保护费、检验试验费、工会经费、职工教育经费、财产保险费、财务费、税金和其他。

拓展问题 1：企业管理费中的税金包含哪些内容？

_____

_____

_____

拓展问题 2：企业管理费中的其他包含哪些内容？

_____

_____

_____

小提示

　　企业管理费中的税金：是指企业按规定缴纳的房产税、车船使用税、土地使用税、印花税等。

　　其他包括技术转让费、技术开发费、投标费、业务招待费、绿化费、广告费、公证费、法律顾问费、审计费、咨询费、保险费等。

▲●■

　　（5）利润：是指施工企业完成所承包工程获得的盈利。

　　（6）规费：是指按国家法律、法规规定，由省级政府和省级有关权力部门规定必须缴纳或计取的费用。规费包括以下内容：

　　1）社会保险费：养老保险费、失业保险费、医疗保险费、生育保险费、工伤保险费。

　　2）住房公积金。

　　3）工程排污费。

　　（7）税金：是指国家税法规定的应计入建筑安装工程造价内的增值税、城市维护建设税、教育费附加以及地方教育附加。

2. 按照工程造价形成划分

建筑安装工程费按照工程造价形成划分，可分为分部分项工程费、措施项目费、其他项目费、规费、税金（图1-10）。其中，分部分项工程费、措施项目费、其他项目费包含人工费、材料费、施工机具使用费、企业管理费和利润。

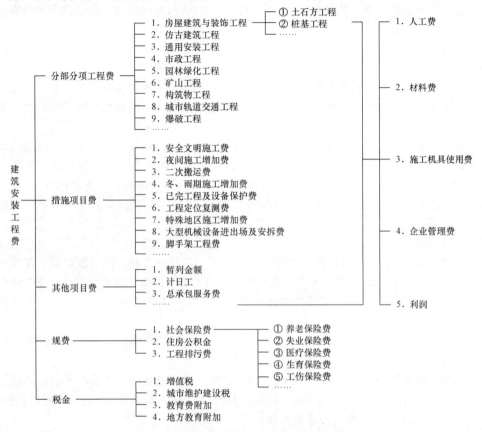

图 1-10 建筑安装工程费用项目组成表
（按照造价形成划分）

（1）分部分项工程费：是指各专业工程的分部分项工程应予列支的各项费用。

1）专业工程：是指按现行国家计量规范划分的房屋建筑与装饰工程、仿古建筑工程、通用安装工程、市政工程、园林绿化工程、矿山工程、构筑物工程、城市轨道交通工程、爆破工程等各类工程。

2）分部分项工程：是指按现行国家计量规范对各专业工程划分的项目，如房屋建筑与装饰工程划分的土石方工程、地基处理与桩基工程、砌筑工程、钢筋及钢筋混凝土工程等。

（2）措施项目费：是指为完成建设工程施工，发生于该工程施工前和施工过程中的技术、生活、安全、环境保护等方面的费用。其具有以下内容：

1）安全文明施工费。

①环境保护费：是指施工现场为达到环保部门要求所需要的各项费用。

②文明施工费：是指施工现场文明施工所需要的各项费用。

③安全施工费：是指施工现场安全施工所需要的各项费用。

④临时设施费：是指施工企业为进行建设工程施工所必须搭设的生活和生产用的临时建筑物、构筑物和其他临时设施费用。其包括临时设施的搭设、维修、拆除、清理费或摊销费等。

2）夜间施工增加费：是指因夜间施工所发生的夜班补助费、夜间施工降效、夜间施工照明设备摊销及照明用电等费用。

3）二次搬运费：是指因施工场地条件限制而发生的材料、构配件、半成品等一次运输不能到达堆放地点，必须进行二次或多次搬运所发生的费用。

4）冬雨期施工增加费：是指在冬期或雨期施工需增加的临时设施、防滑、排除雨雪，人工及施工机械效率降低等费用。

5）已完工程及设备保护费：是指竣工验收前，对已完工程及设备采取的必要保护措施所发生的费用。

6）工程定位复测费：是指工程施工过程中进行全部施工测量放线和复测工作的费用。

7）特殊地区施工增加费：是指工程在沙漠或其边缘地区、高海拔、高寒、原始森林等特殊地区施工增加的费用。

8）大型机械设备进出场及安拆费：是指机械整体或分体自停放地运至施工现场或由一个施工地点运至另一个施工地点，所发生的机械进出场运输及转移费用及机械在施工现场进行安装、拆卸所需的人工费、材料费、机械费、试运转费和安装所需的辅助设施的费用。

9）脚手架工程费：是指施工需要的各种脚手架搭、拆、运输费用以及脚手架购置费的摊销（或租赁）费用。

（3）其他项目费

1）暂列金额：是指建设单位在工程量清单中暂定并包括在工程合同价款中的一笔款项。其用于施工合同签订时尚未确定或者不可预见的所需材料、工程设备、服务的采购，施工中可能发生的工程变更、合同约定调整因素出现时的工程价款调整以及发生的索赔、现场签证确认等的费用。

2）计日工：是指在施工过程中，施工企业完成建设单位提出的施工图纸以外的零星项目或工作所需的费用。

3）总承包服务费：是指总承包人为配合、协调建设单位进行的专业工程发包，对建设单位自行采购的材料、工程设备等进行保管以及施工现场管理、竣工资料汇总整理等服务所需的费用。

（4）规费：定义同按照费用构成要素划分中的规费。

（5）税金：定义同按照费用构成要素划分中的税金。

三、建筑安装工程费用的计算方法

1. 建筑安装工程费用各构成要素的计算

（1）人工费。人工费的计算公式为

$$人工费 = \sum（工程工日消耗量 \times 日工资单价）$$

日工资单价是指施工企业平均技术熟练程度的生产工人在每工作日（国家法定工作时间内）按规定从事施工作业应得的日工资总额。

工程造价管理机构确定日工资单价应通过市场调查、根据工程项目的技术要求，参考实物工程量人工单价综合分析确定，最低日工资单价不得低于工程所在地人力资源和社会保障部门所发布的最低工资标准的：普工 1.3 倍、一般技工 2 倍、高级技工 3 倍。

（2）材料费。

1）材料费的计算公式为

$$材料费 = \sum（材料消耗量 \times 材料单价）$$

材料单价 = ［（材料原价＋运杂费）×〔1＋运输损耗率（％）〕］×［1＋采购保管费费率（％）］

2）工程设备费的计算公式为

$$工程设备费=\sum（工程设备量×工程设备单价）$$

$$工程设备单价=（设备原价＋运杂费）×[1＋采购保管费费率（\%）]$$

（3）施工机具使用费。

1）施工机械使用费的计算公式为

$$施工机械使用费=\sum（施工机械台班消耗量×机械台班单价）$$

$$机械台班单价=台班折旧费＋台班大修费＋台班经常修理费＋$$

$$台班安拆费及场外运费＋台班人工费＋台班燃料动力费＋台班车船税费$$

工程造价管理机构在确定计价定额中的施工机械使用费时，应根据《建筑施工机械台班费用计算规则》结合市场调查编制施工机械台班单价。施工企业可以参考工程造价管理机构发布的台班单价，自主确定施工机械使用费的报价。

2）仪器仪表使用费的计算公式为

$$仪器仪表使用费=工程使用的仪器仪表摊销费＋维修费$$

（4）企业管理费。

1）以分部分项工程费为计算基础，即

$$企业管理费=分部分项工程费×企业管理费费率$$

2）以人工费和机械费合计为计算基础，即

$$企业管理费=（人工费＋机械费）×企业管理费费率$$

3）以人工费为计算基础，即

$$企业管理费=人工费×企业管理费费率$$

工程造价管理机构在确定计价定额中企业管理费时，应以定额人工费或（定额人工费＋定额机械费）作为计算基数，其费率根据历年工程造价积累的资料，辅以调查数据确定，列入分部分项工程和措施项目中。

（5）利润。

1）施工企业根据企业自身需求并结合建筑市场实际自主确定，列入报价中。

2）工程造价管理机构在确定计价定额中利润时，应以定额人工费或（定额人工费＋定额机械费）作为计算基数，其费率根据历年工程造价积累的资料，并结合建筑市场实际确定，以单位（单项）工程测算，利润在税前建筑安装工程费的比重可按不低于5％且不高于7％的费率计算。利润应列入分部分项工程和措施项目中。

（6）规费。

1）社会保险费和住房公积金应以定额人工费为计算基础，根据工程所在地省、自治区、直辖市或行业建设主管部门规定费率计算。

2）工程排污费等其他应列而未列入的规费应按工程所在地环境保护等部门规定的标准缴纳，按实计取列入。

（7）税金。税金的计算公式为

$$增值税=税前造价×增值税税率（\%）$$

2. 工程量清单计价费用的计算

（1）分部分项工程费。

分部分项工程费的计算公式为

$$分部分项工程费=\sum（分部分项工程量×综合单价）$$

引导问题 1：综合单价包含哪些内容？

_____

_____

_____

 小提示

综合单价包括人工费、材料费、施工机具使用费、企业管理费和利润以及一定范围的风险费用。

▲●■

（2）措施项目费。

1）国家计量规范规定应予计量的措施项目的计算公式为

$$单价措施项目费 = \sum（措施项目工程量 \times 综合单价）$$

2）国家计量规范规定不宜计量的总价措施项目的计算公式为

$$总价措施项目费 = \sum（计算基数 \times 相应总价措施项目费率\%）$$

引导问题 2：总价措施项目包括哪些内容？

_____

_____

_____

 小提示

总价措施项目包括安全文明施工费、夜间施工增加费、二次搬运费、冬雨期施工增加费、已完工程及设备保护费。

▲●■

（3）其他项目费。

1）暂列金额由建设单位根据工程特点，按有关计价规定估算，施工过程中由建设单位掌握使用、扣除合同价款调整后如有余额，归建设单位。

2）计日工由建设单位和施工企业按施工过程中的签证计价。

3）总承包服务费由建设单位在招标控制价中根据总包服务范围和有关计价规定编制，施工企业投标时自主报价，施工过程中按签约合同价执行。

（4）规费和税金：建设单位和施工企业均应按照省、自治区、直辖市或行业建设主管部门发布标准计算规费和税金，不得作为竞争性费用。

项目二　土石方和基础工程

知识目标

1. 熟悉土石方和基础工程清单计算规则。
2. 熟悉土石方和基础工程定额计算规则。

技能目标

能够掌握场地平整、条形基础、独立基础、桩基础、筏形基础工作量计算及不同情境下土方及基础工程量计算方法。

素质目标

1. 培养学生在实践操作中的专注力。
2. 培养学生刻苦钻研的精神。
3. 培养学生精益求精的精神。

1+X证书考点

1. 土石方工程计算。
2. 平整场地工程计算。
3. 条形基础、独立基础、桩基础、筏形基础工程量计算。

计算规范

清单计算规则

定额计算规则

三个建筑工人的故事

　　一天，一位记者到建筑工地采访时，看到工地现场上大家都在忙碌工作，不方便接受他的采访，他就近采访几个正在忙碌施工的建筑工人，问他们正在做什么？第一个建筑工人头也不抬地回答道："我正在砌一堵墙"；第二个建筑工人习以为常地回答道："我正在盖一所房子"；第三个建筑工人则干劲十足、神采飞扬地说道："我正在为建设一座美丽的城市而努力。"记者觉得同一个问题，三个建筑工人的不同的回答很有趣，就整理并写进自己的报道。

　　若干年后，当记者在整理过去的采访记录时，突然间看到了自己的这篇报道内容。三个建筑工人对同一问题的不同回答让他产生了兴趣，先去看看这三个建筑工人现在生活是个什么样子。

　　当他找到这三个建筑工人的时候，现在这三个人的境遇令他大吃一惊：当年头也不抬回答的建筑工人现在还是一个普通工地的建筑工人，仍然像以前一样砌着他的墙，没有任何变化。而习以为常自己工作的第二个建筑工人，现在是在施工现场拿着图纸的设计师。那个干劲十足、神采飞扬的建筑工人，现在已经是一家房地产公司的老板，手下有几十个人，正在运营大公司。

　　土石方工程施工流程和工程量列项如图 2-1 所示。

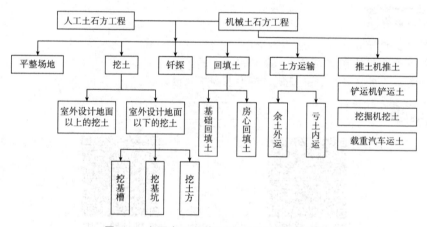

图 2-1　土石方工程施工流程和工程量列项

项目二　土石方和基础工程

姓名：　　　　　　　　　　　　班级：　　　　　　　　　　　　日期：

不同基础工程施工流程和工程量列项如图 2-2 所示。

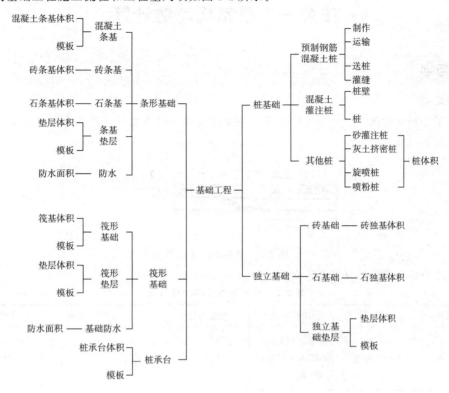

图 2-2　不同基础工程施工流程和工程量列项

任务一　平整场地的计算

知识准备

（1）平整场地的概念。平整场地是指室外设计地坪与自然地坪高差在±0.3 m 以内的就地挖、填、找平（图 2-3）。

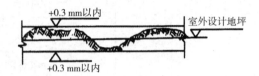

图 2-3　平整场地的范围

（2）平整场地清单计算规则见表 2-1。

表 2-1　平整场地清单计算规则

项目编码	项目名称	项目特征	计量单位	工程量计算规则	工作内容
010101001	平整场地	1. 土壤类别； 2. 弃土运距； 3. 取土运距	m²	按设计图示尺寸以建筑物首层建筑面积计算	1. 土方挖填； 2. 场地找平； 3. 运输

（3）定额计算规则。平整场地，按设计图示尺寸以建筑物首层建筑面积计算。建筑物地下室结构外边线凸出首层结构外边线时，其凸出部分的建筑面积合并计算。

【**案例 2-1**】　图 2-4 所示为建筑场地平整的工程量，墙厚均为 240 mm，轴线均居中。试计算图中的建筑面积及平整场地工程量，对其进行定额组价并计算清单综合单价，本题中的柱高为 4.5 m（管理费为人工费的 23.29%，附加税采用工程项目在市区，即人工费的 1.84%，利润为人工费的 15.99%，不考虑人材机调差）。

场地平整定额工作量见表 2-2。

表 2-2　场地平整定额工作量

工作内容：就地挖、填、平整。　　　　　　　　　　　　　　　　　　　　　计量单位：100 m²

定额编号				1—133	1—134
项目				人工平整场地	机械平整场地
基价/元				304.22	117.47
其中	人工费/元			304.22	7.23
	材料费/元			—	—
	机械费/元			—	110.24
名称		单位	单价/元	消耗量	
人工	综合工日	工日	85.00	3.579	0.085
机械	履带式推土机 75 kW	台班	734.91	—	0.150

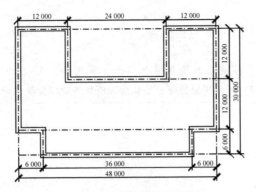

图 2-4　建筑场地平面图

引导问题 1： 为什么土石方工程的第一步是场地平整？

_____

_____

引导问题 2： 平整场地的定义是什么？

_____

_____

_____

引导问题 3： 平整场地的计算规则是什么？

_____

_____

_____

引导问题 4： 准确计算工程量的基础知识有哪些？

_____

_____

_____

 小提示

　　（1）平整场地的作用是施工放线有一个统一的设计室外标高。若现场标高已是统一的设计室外标高则不需计算此项。

　　（2）平整场地是指室外设计地坪与自然地坪高差在±0.3 m 以内的就地挖、填、找平。

　　（3）清单计算规则：平整场地按设计图示尺寸以建筑物首层面积计算。

▲●■

案例解答：

①底层建筑面积：

$S_{底建}=30.24\times48.24-6\times6\times2-23.76\times12$

　　　　$=1\,101.66\,（m^2）$

机械场地平整工程量：

清单量：$S_平 = S_{底建} = 1\,101.66$（m^2）

定额量：$S_定 = S_{清单} = 1\,101.66$（m^2）

②场地平整分部分项和措施项目清单综合单价计算见表2-3。

表2-3　场地平整分部分项和措施项目清单综合单价计算表

序号	定额编号	项目名称	单位	单价	
				定额单价	其中：人工单价
一	1-134	机械平整场地	元/（100 m^2）	117.47	7.23
二	小计			117.47	7.23
三	企业管理费	人工费×（23.29%+1.84%）	元	1.82	
四	利润	人工费×15.99%	元	1.16	
五	定额工程量		m^2	1 101.66	
六	总费用	五×（二+三+四）	元	132 687.21	
七	清单工程量		m^2	1 101.66	
八	综合单价	六÷七/100	元/100 m^2	1.20	

小提示

（1）对于矩形底面面积，其平整场地工程量可按水平投影面积计算；

（2）底层建筑面积在特殊情况下应作调整，如底层不封闭的外走廊，在计算底层建筑面积时，是按一半计算的，而平整场地工程量应全部计算。

▲●■

拓展问题1：深基坑开挖需要平整场地吗？

拓展问题 2：遇到室外设计地坪与自然地坪平均厚度在 ±0.3 m 以外的土方挖、填，如何处理？

_____

_____

_____

_____

_____

_____

学与做

【案例 2-2】　某单层建筑物外墙轴线尺寸如图 1-7 所示，墙厚均为 240 mm，轴线居中，试计算图中的平整场地工程量，对其进行定额组价并计算清单综合单价，本题中的柱高为 4.5 m（管理费为人工费的 23.29%，附加税采用工程项目在市区，即人工费的 1.84%，利润为人工费的 15.99%，不考虑人材机调差）。

引导问题 1：非矩形面积的计算方法有哪些？

_____

_____

_____

_____

_____

_____

引导问题 2：怎样选择平整场地施工设备？

_____

_____

_____

_____

_____

_____

_____

小提示

图纸是工程师的语言，图纸上有说明，就按图纸的说明进行分析考虑施工方案。如果图纸上没有说明，一般来说，面积较大的采用机械开挖，面积较小的采用人工开挖。有施工组织设计或签证的，按签证和施工组织设计要求来确定施工方案（有签证的以签证为准）。

▲●■

案例解答：

_____

_____

_____

_____

案例解答

小提示

因为重叠部分要扣除，这时就应该从实际平整场地的布局去考虑计算。

▲●■

拓展问题 1：怎样选择平整场地施工方案？

_____

_____

_____

_____

_____

拓展问题 2：场地平整检查验收要求是什么？

_____

_____

_____

_____

_____

【案例 2-3】　某五层建筑物的各层建筑面积一样，底层外墙尺寸如图 1-8 所示，墙厚均为 240 mm，轴线居中。试计算图中的平整场地工程量，对其进行定额组价并计算清单综合单价，本题中的柱高为 4.5m（管理费为人工费的 23.29％，附加税采用工程项目在市区，即人工费的 1.84％，利润为人工费的 15.99％，不考虑人材机调差）。

案例解答：

案例解答

总结拓展

（1）平整场地清单按建筑物首层面积计算。

（2）深基坑开挖时需要计算平整场地。

（3）对于复杂图形，可借助 CAD 等绘图软件解决计算的问题。

▲●■

实战训练

计算住宅楼平整场地工程量。

图纸
（用浏览器扫描，
下载图纸文件）

微课

任务二　条形基础土方及基础工程量的计算

 教与学

知识准备

一、条形基础图例

条形基础如图 2-5 所示。

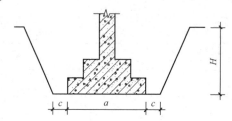

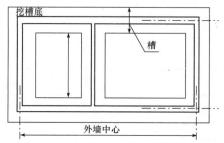

图 2-5　条形基础

二、清单计算规则

现浇混凝土基础和砖砌体清单计算规则见表 2-4、表 2-5。

表 2-4　现浇混凝土基础清单计算规则

项目编码	项目名称	项目特征	计量单位	工程量计算规则	工作内容
010501001	垫层	1. 混凝土种类； 2. 混凝土强度等级	m³	按设计图示尺寸以体积计算。不扣除伸入承台基础的桩头所占体积	1. 模板及支撑制作、安装、拆除、堆放、运输及清理模内杂物、刷隔离剂等； 2. 混凝土制作、运输、浇筑、振捣、养护
010501002	带形基础				
010501003	独立基础				
010501004	满堂基础				
010501005	桩承台基础				
010501006	设备基础	1. 混凝土种类； 2. 混凝土强度等级； 3. 灌浆材料及其强度等级			

续表

项目编码	项目名称	项目特征	计量单位	工程量计算规则	工作内容
010101002	挖一般土方	1. 土壤类别； 2. 挖土深度	m³	按设计图示尺寸以体积计算	1. 排地表水； 2. 土方开挖； 3. 维护（挡土板）支撑； 4. 基底钎探； 5. 运输
010101003	挖沟槽土方			1. 房屋建筑按设计图示尺寸以基础垫层底面面积乘以挖土深度计算； 2. 构筑物按最大水平投影面积乘以挖土深度（原地面平均标高至坑底高度）以体积计算	
010101004	挖基坑土方				
010103001	回填土	1. 密实度要求； 2. 填方材料品种； 3. 填方粒径要求； 4. 填方来源、运距		按设计图示尺寸以体积计算。 1. 场地回填：回填面积乘回填厚度。 2. 室内回填：主墙间面积乘平均回填厚度，不扣除间隔墙。 3. 基础回填：挖方体积减去自然地坪以下埋设的基础体积（包括基础垫层及其他构件物）	1. 运输； 2. 回填； 3. 压实

注：①有肋带形基础、无肋带形基础应按表中相关项目列项，并注明肋高。
②箱式满堂基础底板按表中满堂项目列项。
③基础部分按表中相关项目编码列项。
④如为毛石混凝土基础，项目特征应描述毛石所占比例。

表 2-5 砖砌体清单计算规则

项目编码	项目名称	项目特征	计量单位	工程量计算规则	工作内容
010401001	砖基础	1. 砖品种、规格、强度等级； 2. 基础类型； 3. 砂浆等级强度； 4. 防潮层材料种类	m³	按设计图示尺寸以体积计算。 包括附墙垛基础宽出部分体积，扣除地梁（圈梁）构造柱所占体积，不扣除基础放大角T形接头处的重叠部分及嵌入基础内的钢筋、铁件、管道、基础砂浆防潮层和单个面积≤0.3 m²的孔洞所占体积，靠墙暖气沟的挑檐不增加。 基础长度：外墙按外墙中心线，内墙按内墙净长线计算	1. 砂浆制作、运输； 2. 砌砖； 3. 防潮层铺设； 4. 材料运输

续表

注：①挖土应按自然地面测量标高至设计地坪标高的平均厚度确定。竖向土方、山坡切土开挖深度应按基础垫层底表面标高至交付施工现场地标高确定，无交付施工场地标高时，应按自然地面标高确定。

②建筑物场地厚度≤±300 mm的挖、填、运、找平，应按本表中平整场地项目编码列项。厚度＞±300 m的竖向布置挖土或山坡切土应按本表中挖一般土方项目编码列项。

③沟槽、坑坑、一般土方的划分为底宽≤7 m、底长＞3倍底宽为沟槽；底长≤3倍底宽、底面积≤150 m²为基坑；超出上述范围则为一般土方。

④挖土方如需截桩头时，应按桩基工程相关项目编码列项。

⑤弃、取土运距可以不描述，但应注明由投标人根据施工现场实际情况自行考虑，决定报价。

⑥土壤的分类应按《房屋建筑与装饰计算规范》表A.1－1确定，如土壤类别不能准确划分时，招标人可注明为综合，由投标人根据地勘报告决定报价。

⑦土方体积应按挖掘前的天然密实体积计算。如需按天然密实体积折算时，应按《房屋建筑与装饰计算规范》表A.1－2系数计算

⑧挖沟槽、基坑、一般土方因工作面和放坡增加的工程量（管沟工作面增加的工程量），是否并入各土方工程量，按各省、自治区、直辖市或行业建设主管部门的规定实施，如并入各土方工程量，办理工程结算时，按经发包人认可的施工组织设计规定计算，编制工程量清单时，可按《房屋建筑与装饰计算规范》表A.1－3～表A.1－5规定计算。

⑨挖方出现流砂、淤泥时，应根据实际情况由发包人与承包人双方现场签证确认工程量。

⑩管沟土方项目适用管道（给排水、工业、电力、通信）、光（电）缆沟（包括人孔、接口坑）及连接井（检查井）等。

三、定额计算规则

1. 现浇混凝土

（1）混凝土工程量除另有规定者外，均按设计图示尺寸以体积计算。不扣除构件内钢筋、预埋铁及墙、板中0.3 m²以内的孔洞所占体积。型钢混凝土中型钢骨架所占体积按（密度）7 850 kg/m³扣除。

（2）基础：按设计图示尺寸以体积计算，不扣除伸入承台基础的桩头所占体积。

带形基础：不分有肋式与无肋式均按带形基础项目计算，有肋式带形基础，肋高（指基础扩大面至梁顶面的高）≤1.2 m时，合并计算；肋高＞1.2 m时，扩大顶面以下的基础部分，按带形基础项目计算，扩大顶面以上部分，按墙项目计算。

2. 现浇混凝土构件模板

（1）现浇混凝土构件模板，除另有规定者外，均按模板与混凝土的接触面积（扣除后浇带所占面积）计算。

（2）基础。有肋式带形基础，肋高（指基础扩大顶面至梁顶面的高）≤1.2 m时，合并计算；肋高＞1.2 m时，基础底板模板按无肋带形基础项目计算，扩大顶面以上部分模板按混凝土墙项目计算。

（3）沟槽土石方。按设计图示沟槽长度乘以沟槽断面面积，以体积计算。

1）条形基础的沟槽长度，按设计规定计算。设计无规定时，按下列规定计算：

①外墙沟槽，按外墙中心线长度计算。凸出墙面的墙垛，按墙垛凸出墙面的中心线长度，并入相应工程量内计算。

②内墙沟槽，框架间墙沟槽，按基础（含垫层）之间垫层（或基础底）的净长度计算。

2）管道的沟槽长度，按设计规定计算：设计无规定时，以设计图示管道中心线长度（不扣除下口直径或边长≤1.5 m的井池）计算。下口直径或边长＞1.5 m的井池的土石方，另按基坑的相应规定计算。

3）沟槽的断面面积，应包括工作面宽度、放坡宽度或石方允许超挖量的面积。

（4）回填按下列规定，以体积计算：

1）沟槽、基坑回填，按挖方体积减去设计室外地坪以下建筑物、基础（含垫层）的体积计算。

2）管道沟槽回填，按挖方体积减去管道基础和表 2-6 管道折合回填体积计算。

表 2-6　管道折合回填体积表　　　　　　　　　　　　　m³/m

管道	公称直径（mm 以内）					
	500	600	800	1 000	1 200	1 500
混凝土管及感觉混凝土管道	—	0.33	0.6	0.92	1.15	1.45
其他材质管道	—	0.22	0.46	0.74	—	—

3）房心（含地下室内）回填，按主墙间净面积（扣除连续底面面积 2 m² 以上的设备基础等面积）乘以回填厚度以体积计算。

4）场区（含地下室顶板以上）回填，按回填面积乘以平均回填厚度以体积计算。

3. 砖基础

砖基础与墙（柱）身的划分：基础与墙（柱）身使用同一种材料时，以设计室内地面为界（有地下室者，以地下室室内设计地面为界），以下为基础，以上为墙（柱）身。

砖基础工程量按设计图示尺寸以体积计算。

（1）附墙垛基础宽出部分体积按折加长度合并计算，扣除地梁（圈梁）、构造柱所占体积，不扣除基础大放脚 T 形接头处的重叠部分及嵌入基础内的钢筋、铁件、管道、基础砂浆防潮层和单个面积≤0.3 m² 的孔洞所占体积，靠墙暖气沟的挑檐不增加。

（2）基础长度：外墙按外墙中心线长度计算，内墙按内墙基净长线计算。

【案例 2-4】　基础平面图如图 2-6 所示，墙厚为 240 mm，砂浆等级为干混砌筑砂浆 M10，土为三类土，室外设计地坪标高为 −0.300 m，室内设计地坪为 ±0.000，计算土方及基础的工程量，对其进行定额组价并计算清单综合单价（管理费为人工费的 23.29%，附加税采用工程项目在市区，即人工费的 1.84%，利润为人工费的 15.99%，不考虑人材机调差，混凝土垫层施工时不需支模板，一楼地面做法 100 mm 厚）。

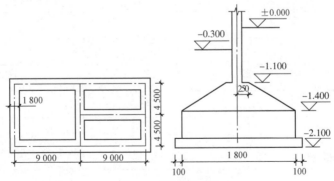

图 2-6　基础平面图

定额基价表请查找江西定额及统一基价表或扫描下方二维码获取。

江西定额及统一基价表

引导问题 1：条形基础的定义是什么？

_____

_____

_____

引导问题 2：条形基础一般会出现在什么工程中？

_____

_____

_____

_____

_____

_____

_____

引导问题 3：条形基础挖土方的计算依据计算规则有哪些？

_____

_____

_____

_____

_____

_____

_____

_____

_____

_____

 小提示

（1）沟槽、基坑、一般土方的划分：底宽≤7 m 且底长＞3 倍底宽为沟槽；底长≤3 倍底宽且底面面积≤150 m² 为基坑；超出上述范围则为一般土方。

（2）条形基础一般出现在砖混结构，框架结构也可能会遇到。

（3）考虑其工作面宽度与放坡系数，在定额中混凝土的工作面宽为 400 mm，三类土放坡起点为 1.5 m，放坡系数为 0.33。

案例解答：

外墙中心线 $L=(18+9)\times2=54$（m）

一、挖地槽

定额工程量 $=(1.8+2\times0.4+0.33\times1.7)\times1.7\times(54+6.4\times2)+2\times0.1\times(54+2\times7)$

$\qquad=372.56$（m³）

清单工程量 $=(1.8+0.2)\times1.8\times(54+7\times2)=244.8$（m³）

二、混凝土垫层工程量计算

工程量：$V=a\times h\times L=2\times0.1\times(54+2\times7)=13.6$（m³）

三、混凝土条形基础模板

工程量：$S=(L-n\times a)\times h\times2=(54+7.2\times2-2\times1.8)\times0.6\times2=77.76$（m²）

四、混凝土条形基础

工程量：$V=S\times L=[1.8\times0.6+(0.25+0.9)\times0.3]\times(54+7.2\times2)=97.47$（m³）

五、砖墙基础

工程量：$V=h\times$ 墙厚 $\times L=1.1\times0.24\times(54+8.76\times2)=18.88$（m³）

室外地坪以下砖墙基础工程量：$0.8\times0.24\times(54+8.76\times2)=13.73$（m³）

六、回填土

1. 基槽回填土：

定额工程量 $=372.56-(13.6+97.47+13.73)=247.76$（m³）

清单工程量 $=244.8-(13.6+97.47+13.73)=120$（m³）

2. 房心回填土工程量：

（外墙外围面积−墙、柱所占面积）×回填厚度

$[18.24\times9.24-(54+8.76\times2)\times0.24]\times0.2=30.27$（m³）

定额组价及清单综合单价计算见表2-7～表2-13。

表 2-7　沟槽土方分部分项和措施项目清单综合单价计算表

序号	定额编号	项目名称	单位	单价	
				定额单价	其中：人工单价
一	1—48	挖掘机挖槽坑土方 三类土	元/（10 m³)	91.7	70.3
二	小计			91.70	70.3
三	企业管理费	人工费×（23.29%+1.84%）	元	17.67	
四	利润	人工费×15.99%	元	11.24	
五	定额工程量		m³	372.56	
六	总费用	五＊（二＋三＋四）	元	44 934.43	
七	清单工程量		m³	244.8	
八	综合单价	六÷七/10	元/m³	18.36	

表 2-8　混凝土垫层分部分项和措施项目清单综合单价计算表

序号	定额编号	项目名称	单位	单价	
				定额单价	其中：人工单价
一	5—1	现浇混凝土 垫层	元/（10 m³）	3 006.03	314.67
二	小计			3 006.03	314.67
三	企业管理费	人工费×（23.29％+1.84％）	元	79.08	
四	利润	人工费×15.99％	元	50.32	
五	定额工程量		m³	13.60	
六	总费用	五×（二+三+四）	元	42 641.74	
七	清单工程量		m³	13.6	
八	综合单价	六÷七/10	元/m³	313.54	

表 2-9　混凝土条形基础模板分部分项和措施项目清单综合单价计算表

序号	定额编号	项目名称	单位	单价	
				定额单价	其中：人工单价
一	5—211	带形基础无筋混凝土复合模板钢支撑	元/（100 m²）	3 064.01	1 584.66
二	小计			3 064.01	1 584.66
三	企业管理费	人工费×（23.29％+1.84％）	元	398.23	
四	利润	人工费×15.99％	元	253.39	
五	定额工程量		m²	77.76	
六	总费用	五×（二+三+四）	元	288 926.78	
七	清单工程量		m²	77.76	
八	综合单价	六÷七/100	元/（100 m²）	37.16	

表 2-10　混凝土条形基础分部分项和措施项目清单综合单价计算表

序号	定额编号	项目名称	单位	单价	
				定额单价	其中：人工单价
一	5—3	现浇混凝土带形基础混凝土	元/（10 m³）	3 096.01	290.36
二	小计			3 096.01	290.36
三	企业管理费	人工费×（23.29%＋1.84%）	元	72.97	
四	利润	人工费×15.99%	元	46.43	
五	定额工程量		m³	97.47	
六	总费用	五×（二＋三＋四）	元	313 405.63	
七	清单工程量		m³	97.47	
八	综合单价	六÷七/10	元/m³	321.54	

表 2-11　砖基础分部分项和措施项目清单综合单价计算表

序号	定额编号	项目名称	单位	单价	
				定额单价	其中：人工单价
一	4—1	砖基础	元/10 m³	4 288.84	835.89
二	小计			4 288.84	835.89
三	企业管理费	人工费×（23.29%＋1.84%）	元	210.06	
四	利润	人工费×15.99%	元	133.66	
五	定额工程量		m³	18.88	
六	总费用	五×（二＋三＋四）	元	87 462.69	
七	清单工程量		m³	18.88	
八	综合单价	六÷七/10	元/m³	463.26	

表 2-12　基槽回填土分部分项和措施项目清单综合单价计算表

序号	定额编号	项目名称	单位	单价	
				定额单价	其中：人工单价
一	1-143	夯填土 机械 槽坑	元/（10 m³）	100.53	72.42
二	小计			100.53	72.42
三	企业管理费	人工费×（23.29%＋1.84%）	元	18.20	
四	利润	人工费×15.99%	元	11.58	
五	定额工程量		m³	247.76	
六	总费用	五×（二＋三＋四）	元	32 285.61	
七	清单工程量		m³	120	
八	综合单价	六÷七/10	元/m³	26.90	

表 2-13　房心回填土分部分项和措施项目清单综合单价计算表

序号	定额编号	项目名称	单位	单价	
				定额单价	其中：人工单价
一	1-142	夯填土 机械 地坪	元/（10 m³）	76.9	55.42
二	小计			76.90	55.42
三	企业管理费	人工费×（23.29%＋1.84%）	元	13.93	
四	利润	人工费×15.99%	元	8.86	
五	定额工程量		m³	30.27	
六	总费用	五×（二＋三＋四）	元	3 017.58	
七	清单工程量		m³	30.27	
八	综合单价	六÷七/10	元/m³	9.97	

小提示

地槽尺寸如图2-7所示。

（1）地槽工作量的计算。

①在计算地槽工程量时，其长度，外墙按中心线长度计算，内墙按地槽净长计算。

②工作面的宽度，当无施工组织设计尺寸时，按定额规定计算。混凝土支撑模板，定额规定每边加30 cm。

计算公式：$S_{断}＝B×H_1＋（B＋kH_2）×H_2$

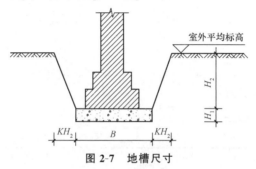

图2-7　地槽尺寸

③计算地槽工作量时，由于放坡，在T形接头处造成土方的重复计算不予扣除，放坡应从垫层顶部计算，无垫层的，从基底计算（图2-8）。

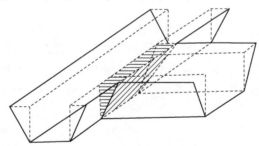

图2-8　T形接头的土方重复

注意：地槽交接处放坡产生的重复工程量不予扣除。

④若基槽断面尺寸不同时，应分别计算工程量，按不同深度特征套用定额计算。

（2）在计算模板过程中，模板长度按外墙中心线长度加上内墙地槽净长度减去交接处的长度，再乘以相应的高，最后乘以2（基础两边）。

（3）混凝土工程量计算与人工挖地槽相似，在T形搭接处不予增加。

（4）基础与墙（柱）身使用同一种材料时，以设计室内地面为界（有地下室者，以地下室室内设计地面为界），以下为基础，以上为墙（柱）身。基础与墙身使用不同材料时，位于设计室内地面高度≤±300 mm，以不同材料为分界线；高度＞±300 mm时，以设计室内地面为分界线。

（5）基槽回填土工程量＝挖土方工程量－基槽内埋设物工程量（如基础、垫层等）；房心回填土工程量＝回填土面积乘以回填土的高度（回填土高度为室内外高差减去地面做法的预留厚度）。

拓展问题 1：定额中关于放坡起点与放坡系数如何取定？

_____

_____

拓展问题 2：图纸中未说明采用放坡或工作面的应怎样处理？

_____

_____

拓展问题 3：在什么情况下垫层须考虑支护模板？

_____

_____

_____

拓展问题 4：从何处开始放坡？

_____

_____

_____

⚙ 学与做

【案例 2-5】　基础平面图如图 2-9 所示，土为三类土，地面厚为 130 mm，计算土方及基础的工程量，对其进行定额组价并计算清单综合单价（管理费为人工费的 23.29%，附加税采用工程项目在市区，即人工费的 1.84%，利润为人工费的 15.99%，不考虑人材机调差，设计图示：外墙轴线居外墙外边 120 mm 位置；内墙轴线居内墙中心线位置；外墙与内墙在同一轴线时按外墙设置轴线位置）。

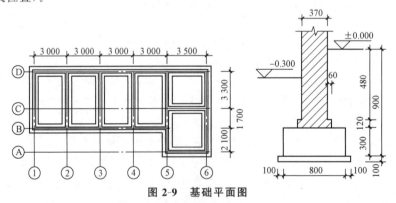

图 2-9　基础平面图

定额基价表请查找江西定额及统一基价表或扫描下方二维码获取。

江西定额及统一基价表

案例解答：

_____

_____

_____

_____

_____

_____

案例解答

 总结拓展

（1）当图纸中未说明采用放坡或工作面时，应按定额要求采用放坡或设工作面计算。

（2）无其他说明时，一般当垫层高度≤300 mm 时，从垫层顶开始放坡；当垫层高度＞300 mm 时，由于垫层要支模板，所以从垫层底开始放坡。

▲●■

实战训练

计算住宅楼人工平整场地工程量计算。

图纸
（用浏览器扫描，
下载图纸文件）

微课（一）

微课（二）

微课（三）

任务书

评价

任务三　独立基础土方及基础工程量的计算

教与学

知识准备

一、独立基础图例

独立基础如图 2-10 所示。

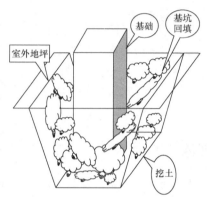

图 2-10　独立基础

二、清单计算规则

混凝土模板及支架清单计算规则见表 2-14。

表 2-14　混凝土模板及支架清单计算规则

项目编码	项目名称	项目特征	计量单位	工程量计算规则	工作内容
011703001	垫层	基础形状	m²	按模板与现浇混凝土构件的接触面积计算。 1. 现浇钢筋混凝土墙、板单孔面积≤0.3 m² 的孔洞不予扣除，洞侧壁模板亦不增加；单孔面积≥0.3 m² 时应扣除，洞侧壁模板面积并入墙、板工程量计算。 2. 现浇框架分别按梁、板、柱有关规定计算；附墙柱、暗梁、暗柱并入墙内工程量内计算	1. 模板制作； 2. 模板安装、拆除、整理、堆放及产内外运输； 3. 清理模板粘结物及模内杂物、刷隔离剂等
011703002	带形基础				
011703003	独立基础				
011703004	满堂基础				
011703005	设备基础				
011703006	桩承台基础				

三、定额计算规则

（1）人工挖一般土方、沟槽、基坑深度超过 6 m 时，6 m＜深度≤7 m，按深度≤6m 相应项目人工乘以系数 1.25；7 m＜深度≤8 m，按深度≤6 m 相应项目人工乘以系数 1.252；以此类推。

（2）当组成基础的材料不同或施工方式不同时，基础施工的工作面宽度按表 2-15 计算。

表 2-15　基础施工单面工作面宽度计算表

基础材料	每面增加工作面宽度/mm
砖基础	200
毛石、方整石基础	250
混凝土基础（支模板）	400
混凝土基础垫层（支模板）	150
基础垂直面做砂浆防潮层	400（自防潮层）
基础垂直面做防水层或防腐层面	1 000（自防水层或防腐层面）
支挡土板	100（另加）
注：基础施工需要搭设脚手架时，基础施工的工作面宽度，条形基础按 1.50 m 计算（只计算一面）；独立基础按 0.45 m 计算（四面均计算）。	

（3）土方放坡的起点深度和放坡坡度，按施工组织设计计算；施工组织设计无规定时，按表 2-16 计算。

表 2-16　土方放坡起点深度和放坡坡度表

土壤类别	起点深度/m	放坡坡度			
		人工挖土	机械挖土		
			基坑内作业	基坑上作业	沟槽上作业
一、二类土	＞1.20	1∶0.50	1∶0.33	1∶0.75	1∶0.50
三类土	＞1.50	1∶0.33	1∶0.25	1∶0.67	1∶0.33
四类土	＞2.00	1∶0.25	1∶0.10	1∶0.33	1∶0.25

注：①基础土方放坡，自基础（含垫层）底标高算起。
　　②混合土质的基础土方，其放坡的起点深度和放坡坡度，按不同土类厚度加权平均计算。
　　③计算基础土方放坡时，不扣除放坡交叉处的重复工程量。
　　④基础土方支挡土板时，土方放坡不另行计算。

（4）基坑土石方，按设计图示基础（含垫层）尺寸，另加工作面宽度、土方放坡宽度或石方允许超挖量乘以开挖深度，以体积计算。

（5）现浇混凝土工程量除另有规定者外，均按设计图示尺寸以体积计算。不扣除构件内钢筋、预埋铁件及墙、板中 0.3 m³ 以内的孔洞所占体积。型钢混凝土中型钢骨架所占体积按（密度）7 850 kg/m³ 扣除。

（6）现浇混凝土构件模板，除另有规定者外，均按模板与混凝土的接触面积（扣除后浇带所占面积）计算。

（7）独立基础：高度从垫层上表面计算到柱基上表面。

（8）沟槽、基坑回填，按挖方体积减去设计室外地坪以下建筑物、基础（含垫层）的体积计算。

（9）土方运输，以天然密实体积计算。挖土总体积减去回填土，总体积为正，则为余土外运；总体积为负，则为取土内运。

【案例 2-6】　基础详图如图 2-11 所示，室内外高差为 -0.300。其他相关数据见表 2-17。土为三类土，以 ZJ_2 为例，计算 ZJ_2 土方及基础的工程量，对其进行定额组价并计算清单综合单价（管理费为人工费的 23.29%，附加税采用工程项目在市区，即人工费的 1.84%，利润为人工费的 15.99%，不考虑人材机调差，混凝土垫层施工时不需支模板）。

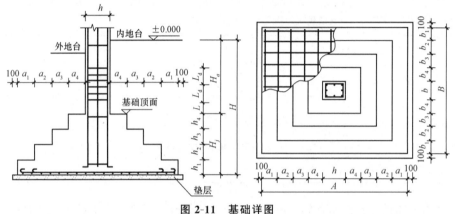

图 2-11　基础详图

表 2-17　相关数据　　　　　　　　　　　　　　　　　　　　　　　　　　　　mm

基础编号	类型	柱断面 $b \times h$	基础平面尺寸				基础高度			
			A	a_1	B	b_1	H	H_j	H_o	h_1
ZJ_1	I	400×400	2 400	1 000	2 400	1 000	2 000	600	1 400	600
ZJ_2	I	400×400	2 600	1 100	2 600	1 100	2 000	600	1 400	600
ZJ_3	I	400×400	2 700	1 150	2 700	1 150	2 000	600	1 400	600
ZJ_4	I	400×400	2 000	800	2 000	800	2 000	600	1 400	600
ZJ_5	I	400×400	1 800	700	1 800	700	2 000	600	1 400	600
ZJ_6	I	400×400	1 700	650	1 700	650	2 000	600	1 400	600
ZJ_7	I	400×400	1 600	600	1 600	600	2 000	600	1 400	600
ZJ_8	I	400×400	2 100	850	2 100	850	2 000	600	1 400	600
ZJ_9	II	400×400	2 500	925	2 800	875	2 000	600	1 400	600

定额基价表请查找江西定额及统一基价表或扫描下方二维码获取。

江西定额及统一基价表

引导问题 1：独立基础的定义是什么？

_____

_____

_____

_____

_____

引导问题 2：通常在什么情况下设置独立基础？

_____

_____

_____

_____

_____

引导问题 3：独立基础挖土方的计算规则是什么？

_____

_____

_____

_____

_____

小提示

（1）在土质比较好，承受力比较均匀的情况下设独立基础。

（2）土方工程量计算应考虑其工作面宽度与放坡系数（或支挡土板）。

（3）工作面的设置与垫层的施工方式有关：垫层如果采用满槽浇灌（即垫层多宽挖槽多宽），工作面从基础边开始；垫层如果两边先支模后浇捣，工作面从垫层边开始。

（4）通常当垫层厚度大于 300 mm 时，垫层施工要支设模板。

▲●■

案例解答：

人工挖基坑土方：

定额工程量：$V=(A+2C+KH_a)(B+2C+KH_a)H_a+\dfrac{1}{3}\times K^2\times H_a^3$

$=(2.6+2\times0.4+0.33\times1.8)^2\times1.8+1/3\times0.33^2\times1.8^3=28.93$（m³）

清单工程量：$V=a\times b\times H_a=2.8\times2.8\times1.8=14.11$（m³）

独立基础混凝土垫层工程量：$V=a\times b\times h=2.8\times2.8\times0.1=0.78$（m³）

独立基础模板工程量：$S=2\times(A+B)\times H_j=2\times(2.6+2.6)\times0.6=6.24$（m²）

独立基础混凝土工程量：$V=A\times B\times H_j=2.6\times2.6\times0.6=4.06$（m³）

回填土量：

定额工程量：$V=V_挖-V_{垫层}-V_{混凝土}-h\times h\times H=28.93-0.784-4.06-0.4\times0.4\times1.1=$
23.91（m³）

清单工程量：$V=V_挖-V_{垫层}-V_{混凝土}-h\times h\times H=14.11-0.784-4.06-0.4\times0.4\times1.1$
$=9.09$（m³）

（分析：式中 H 独立基础顶面到室外地坪距离）

定额组价及清单综合单价计算见表2-18～表2-22。

表 2-18　人工挖基坑土方分部分项和措施项目清单综合单价计算表

序号	定额编号	项目名称	单位	单价	
				定额单价	其中：人工单价
一	1─19	人工挖基坑土方（坑深）三类土 ≤2 m	元/（10 m³）	454.16	454.16
二	小计			454.16	454.16
三	企业管理费	人工费×（23.29%＋1.84%）	元	114.13	
四	利润	人工费×15.99%	元	72.62	
五	定额工程量		m³	28.93	
六	总费用	五×（二＋三＋四）	元	18 541.54	
七	清单工程量		m³	14.11	
八	综合单价	六÷七/10	元/m³	131.41	

表 2-19 混凝土垫层分部分项和措施项目清单综合单价计算表

序号	定额编号	项目名称	单位	单价	
				定额单价	其中：人工单价
一	5—1	现浇混凝土垫层	元/ (10 m³)	3 006.03	314.67
二	小计			3 006.03	314.67
三	企业管理费	人工费× (23.29%＋1.84%)	元	79.08	
四	利润	人工费 * 15.99%	元	50.32	
五	定额工程量		m³	0.78	
六	总费用	五× (二＋三＋四)	元	2 445.63	
七	清单工程量		m²	0.78	
八	综合单价	六÷七/10	元/m²	313.54	

表 2-20 独立基础模板分部分项和措施项目清单综合单价计算表

序号	定额编号	项目名称	单位	单价	
				定额单价	其中：人工单价
一	5—222	独立基础 复合模板 木支撑	元/ (100 m²)	3 305.59	1534.68
二	小计			3305.59	1534.68
三	企业管理费	人工费× (23.29%＋1.84%)	元	385.67	
四	利润	人工费×15.99%	元	245.40	
五	定额工程量		m²	6.24	
六	总费用	五× (二＋三＋四)	元	24 564.70	
七	清单工程量		m²	6.24	
八	综合单价	六÷七/100	元/ (m²)	39.37	

表 2-21 独立基础分部分项和措施项目清单综合单价计算表

序号	定额编号	项目名称	单位	单价	
				定额单价	其中：人工单价
一	5—5	现浇混凝土 独立基础 混凝土	元/ (10 m³)	3 044.82	238.09
二	小计			3 044.82	238.09
三	企业管理费	人工费×（23.29％＋1.84％）	元	59.83	
四	利润	人工费×15.99％	元	38.07	
五	定额工程量		m³	4.06	
六	总费用	五×（二＋三＋四）	元	12 759.45	
七	清单工程量		m³	4.06	
八	综合单价	六÷七/10	元/m³	314.27	

表 2-22 基坑回填土分部分项和措施项目清单综合单价计算表

序号	定额编号	项目名称	单位	单价	
				定额单价	其中：人工单价
一	1—143	夯填土 机械 槽坑	元/ (10 m³)	100.53	72.42
二	小计			100.53	72.42
三	企业管理费	人工费×（23.29％＋1.84％）	元	18.20	
四	利润	人工费×15.99％	元	11.58	
五	定额工程量		m³	23.91	
六	总费用	五×（二＋三＋四）	元	3 115.69	
七	清单工程量		m³	9.09	
八	综合单价	六÷七/10	元/m³	34.28	

小提示

基坑土方计算如图 2-12 所示。

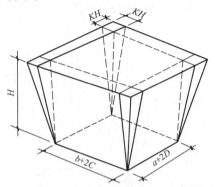

图 2-12　基坑土方计算

计算公式：

（1）不放坡的独立基础：

$$方形和长方形 V = H \times B \times L$$

（2）放坡的独立基础：

$$V = H (A + 2C + KH)(B + 2C + KH) + 1/3 K^2 H^3$$

或

$$V = \frac{H}{6}(A_1 + 4A_0 + A_2)$$

式中　K——放坡系数；

　　　$1/3 K^2 H^3$——基坑四角的一个角锥体积；

　　　H——基坑深度（m）；

　　　A_1，A_2——基坑上、下底的面积（m^2）；

　　　A_0——基坑中截面面积（m^2）。

（3）公式中 C 表示工作面，因为独立基础采用混凝土浇筑，所以工作面为 300 mm。

（4）公式中 K 表示放坡系数，工程中为三类土，高度（H 为垫层底面到室外地坪）为 1.8 m，所以要计算放坡系数，放坡系数为 0.33。

▲●■

拓展问题 1：基层在什么情况下需要钎探？

_____

_____

_____

拓展问题 2：柱基础与柱身如何划分？

_____

_____

_____

⚙ **学与做**

【案例 2-7】　　断面图及剖面图如图 2-13 所示，计算 ZJ_9 的工程量，对其进行定额组价并计算清单综合单价（管理费为人工费的 23.29%，附加税采用工程项目在市区，即人工费的 1.84%，利润为人工费的 15.99%，不考虑人材机调差）。

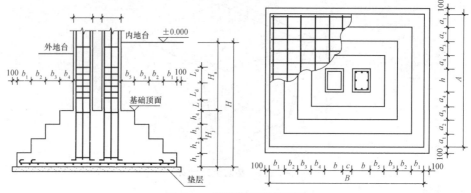

图 2-13　基础断面及剖面图

案例解答：

_____

_____

_____

案例解答

💡 **总结拓展**

钎探为建筑物或构筑物的基础、基坑（基槽）底基土质量钎探检查。当基层处于下列情况时，应考虑做钎探：

（1）持力层明显不均匀；

（2）浅部有软弱下卧层；

（3）有浅埋的坑穴、古墓、古井等，直接观察难以发现时；

（4）勘察报告或设计文件规定应进行轻型动力触探时。

◎ **实战训练**

试计算住宅楼独立基础工程量。

图纸　　　　　　微课（一）　　　　微课（二）　　　　　任务书　　　　　　评价
（用浏览器扫描，
下载图纸文件）

任务四 桩基础土方及基础工程量的计算

⊕ 教与学

知识准备

一、人工挖孔桩工程实图

人工挖孔桩工程实图如图 2-14 所示。

图 2-14 人工挖孔桩工程实图

二、清单计算规则

人工挖孔灌注桩清单计算规则见表 2-23。

表 2-23 人工挖孔灌注桩清单计算规则

项目编码	项目名称	项目特征	计量单位	工程量计算规则	工作内容
010302005	人工挖孔灌注桩	1. 桩芯长度； 2. 桩芯直径、扩底直径、扩底高度； 3. 护壁厚度、高度； 4. 护壁混凝土种类、强度等级； 5. 桩芯混凝土种类、强度等级	1. m³； 2. 根	1. 以立方米计量，按桩芯混凝土体积计算； 2. 以根计量，按设计图示数量计算	1. 护壁制作； 2. 混凝土制作、运输、灌注、振捣、养护

注：①地层情况按《计算规范》表 A.1-1 和表 A.2-1 的规定，并根据岩土工程勘察报告按单位工程各地层所占比例（包括范围围值）进行描述。对无法准确描述的地层情况，可注明由投标人根据岩土工程勘察报告自行决定报价。

②项目特征中的桩长应包括桩尖，空桩长度=孔深－桩长，孔深为自然地面至设计桩底的深度。

③项目特征中的桩截面（桩径）、混凝土强度等级、桩类型等可直接用标准图代号或设计桩型进行描述。

④泥浆护壁成孔灌注桩是指在泥浆护壁条件下成孔，采用水下灌注混凝土的桩。其成孔方法包括冲击钻成孔、冲抓锥成孔、回旋钻成孔、潜水钻成孔、泥浆护壁的旋挖成孔等。

⑤沉管灌注桩的沉管方法包括锤击沉管法、振动沉管法、振动冲击沉管法、内夯沉管法等。

⑥干作业成孔灌注桩是指不用泥浆护壁和套管护壁的情况下，用钻机成孔后，下钢筋笼，灌注混凝土的桩，适用地下水水位以上的土层使用。其成孔方法包括螺旋钻成孔、螺旋钻成孔扩底、干作业的旋挖成孔等。

⑦桩基础的承载力检测、桩身完整性检测等费用按国家相关取费标准单独计算，不在本清单项目。

⑧混凝土灌注桩的钢筋笼制作、安装，按《计算规范》附录 E 中相关项目编码列项。

三、定额计算规则

（1）人工挖孔桩土石方子目中，已综合考虑了孔内照明、通风。人工挖孔桩，桩内垂直运输方式按人工考虑，深度超过 16 m 时，相应定额乘以系数 1.2 计算；深度超过 20 m 时，相应定额乘以系数 1.5 计算。

（2）人工挖孔桩挖孔工程量分别按进入土层、岩石层的成孔长度乘以设计护壁外围截面面积，以体积计算。

（3）人工挖孔桩护壁模板工程量，按现浇混凝土护壁与模板的实际接触面积计算。

（4）人工挖孔桩灌注混凝土护壁和桩芯工程量分别按设计图示截面面积乘以设计桩长另加灌长度，以体积计算。加灌长度设计有规定者，按设计要求计算；无规定者，按 0.25 m 计算。

（5）钻（冲）孔灌注桩、人工挖孔桩，设计要求扩底时，其扩底工程量按设计尺寸，以体积计算，并入相应的工程量。

【案例 2-8】 人工挖孔桩如图 2-15 所示。桩身长为 5 m，护壁长以 1 m 为 1 个标准段，承台的尺寸为 2 000 mm×2 000 mm×500 mm，扩大头锥体上口内径（D_1）为 1 600 mm，护壁厚为 100 mm，不考虑放坡，工作面宽度为 300 mm，室外地坪为 −0.300 mm，土为三类土，计算桩芯土方与护壁体积及桩的工程量，对其进行定额组价并计算清单综合单价（管理费为人工费的 23.29%，附加税采用工程项目在市区，即人工费的 1.84%，利润为人工费的 15.99%，不考虑人材机调差）。

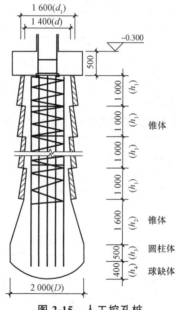

图 2-15 人工挖孔桩

定额基价表请查找江西定额及统一基价表或扫描下方二维码获取。

江西定额及统一基价表

引导问题 1： 计算桩芯土方与护壁体积时，应该如何计算，是否要分段计算？

引导问题2：计算桩芯土方与护壁体积时，如何分段计算，分成哪几段，各段该如何计算？

_____

_____

_____

引导问题3：计算人工挖桩的工程量时，用土方的量加上护壁的量是否就是桩的工程量？

_____

_____

_____

 小提示

（1）桩的计算应分为桩芯与护壁。

（2）人工挖孔桩一般会涉及桩承台，计算时应考虑与其扣减问题。

在本案例中，计算完桩芯、护壁的工程量并不能马上得出人工挖孔桩的工程量。本案例桩的上面还有承台，在计算土方中应将承台的土方量加入桩的工程量。如果承台顶标高与设计室外地坪标高不一致，还应考虑其产生的土方量增减。桩承台处挖土方如果需要放坡，还要考虑放坡增加的土方，由于本案例中不考虑放坡，所以不计算此产生的土方。

（3）本案例应计算桩承台基础工程量。

▲●■

案例解答：

桩芯土方工程量：

护壁个数：$5 \div 1 = 5$（段）

标准段和底部扩大段体积：

$V_{扩} = \pi/12 \times h_2 \ (d_1^2 + D^2 + d_1 \times D)$

$\quad = 3.14/12 \times 1.6 \times (1.6^2 + 2^2 + 1.6 \times 2)$

$\quad = 4.09 \ (\text{m}^3)$

$V_{标} = \pi/12 \times h_1 \ (d_1^2 + d^2 + d \times d_1)$

$\quad = 3.14/12 \times 1 \times (1.6^2 + 1.4^2 + 1.6 \times 1.4)$

$\quad = 1.77 \ (\text{m}^3)$

$V_1 = \sum V_{标} + V_{扩}$

$\quad = 5 \times 1.77 + 4.09 = 12.94 \ (\text{m}^3)$

底段圆柱体体积：

$V_2 = \pi/4 \times h_3 \times D^2$

$\quad = 3.14/4 \times 0.5 \times 2^2$

$\quad = 1.57 \ (\text{m}^3)$

底端球缺体体积：

$V_3 = \pi/6 \times h_4 \ (3/4D^2 + h_4^2)$

$\quad = 3.14/6 \times 0.4 \times (3/4 \times 2^2 + 0.4^2) = 0.66 \ (\text{m}^3)$

①桩芯体积：

$V_{桩芯} = V_1 + V_2 + V_3 = 12.94 + 1.57 + 0.66 = 15.17 \ (\text{m}^3)$

②护壁体积：

$V_标 = \pi/2 \times h_1 \times \delta \times (d + d_1)$

　　$= 3.14/2 \times 1 \times 0.1 \times (1.5 + 1.7) = 0.502$（m³）

桩身护壁体积：

$V_4 = \sum V_标 = 5 \times 0.502 = 2.51$（m³）

护壁体积：

$V_护 = V_4 = 2.51$（m³）

③承台混凝土的体积：

$V_{承台} = 长 \times 宽 \times 高$

　　$= 2 \times 2 \times 0.5$

　　$= 2$（m³）

④承台模板量：

$S = 2 \times 4 \times 0.5 = 4$（m²）

⑤人工挖基坑土方工程量：

$V = (2 + 0.3 \times 2)^2 \times 0.5 = 3.38$（m³）

⑥人工挖孔桩土方工程量：

$V_桩 = V_{桩芯} + V_护 = 15.17 + 2.51 = 17.68$（m³）

定额组价及清单综合单价计算见表 2-24～表 2-28。

表 2-24　人工挖孔灌注桩分部分项和措施项目清单综合单价计算表

序号	定额编号	项目名称	单位	单价	
				定额单价	其中：人工单价
一	3-101	人工挖孔灌注混凝土桩　桩芯　混凝土	元/（10 m³）	3 674.9	321.3
二	小计			3 674.90	321.3
三	企业管理费	人工费×（23.29%＋1.84%）	元	80.74	
四	利润	人工费×15.99%	元	51.38	
五	定额工程量		m³	15.17	
六	3-99	人工挖孔灌注混凝土桩　桩壁　现浇混凝土	元/（10 m³）	3 333.77	321.3
七	小计			3 333.77	321.3
八	企业管理费	人工费×（23.29%＋1.84%）	元	80.74	
九	利润	人工费×15.99%	元	51.38	
十	定额工程量		m³	2.51	
十一	总费用	五×（二＋三＋四）＋十×（七＋八＋九）	元	6 6451.85	
十二	清单工程量		m³	17.68	
十三	综合单价	十一÷十二/10	元/m³	375.86	

表 2-25　独立基础分部分项和措施项目清单综合单价计算表

序号	定额编号	项目名称	单位	单价	
				定额单价	其中：人工单价
一	5—5	现浇混凝土 独立基础 混凝土	元/（10 m³）	3 044.82	238.09
二	小计			3 044.82	238.09
三	企业管理费	人工费×（23.29%＋1.84%）	元	59.83	
四	利润	人工费×15.99%	元	38.07	
五	定额工程量		m²	2.00	
六	总费用	五×（二＋三＋四）	元	6 285.45	
七	清单工程量		m²	2	
八	综合单价	六÷七/10	元/m³	314.27	

表 2-26　独立基础模板分部分项和措施项目清单综合单价计算表

序号	定额编号	项目名称	单位	单价	
				定额单价	其中：人工单价
一	5—222	独立基础　复合模板　木支撑	元/（100 m²）	3 305.59	1 534.68
二	小计			3 305.59	1 534.68
三	企业管理费	人工费×（23.29%＋1.84%）	元	385.67	
四	利润	人工费×15.99%	元	245.40	
五	定额工程量		m²	4.00	
六	总费用	五×（二＋三＋四）	元	15 746.60	
七	清单工程量		m²	4	
八	综合单价	六÷七/100	元/m²	39.37	

表 2-27 人工挖基坑土方分部分项和措施项目清单综合单价计算表

序号	定额编号	项目名称	单位	单价	
				定额单价	其中：人工单价
一	1—19	人工挖基坑土方（坑深）三类土 ≤2 m	元/（10 m³）	454.16	454.16
二	小计			454.16	454.16
三	企业管理费	人工费×（23.29%＋1.84%）	元	114.13	
四	利润	人工费×15.99%	元	72.62	
五	定额工程量		m³	3.38	
六	总费用	五×（二＋三＋四）	元	2 166.28	
七	清单工程量		m³	3.38	
八	综合单价	六÷七/10	元/m³	64.09	

表 2-28 人工挖孔桩土方分部分项和措施项目清单综合单价计算表

序号	定额编号	项目名称	单位	单价	
				定额单价	其中：人工单价
一	3—92	人工挖孔桩土方 桩径＞1 000 mm 孔深≤15 m	元/（10 m³）	1 112.65	1 112.65
二	小计			1 112.65	1 112.65
三	企业管理费	人工费×（23.29%＋1.84%）	元	279.61	
四	利润	人工费×15.99%	元	177.91	
五	定额工程量		m³	17.68	
六	总费用	五×（二＋三＋四）	元	27 760.64	
七	清单工程量		m³	17.68	
八	综合单价	六÷七/10	元/m³	157.02	

小提示

（1）计算承台体积时要扣除桩伸入的体积，并且要考虑工作面，其工作面为 300 mm。

（2）计算护壁时要考虑是否有承台，如果有承台，则从承台底开始计算，如果没有则从原始地坪开始计算。

（3）在实际工程中，扩大头的部分其实是不计算护壁体积的，在本案例中考虑了扩大头护壁的体积。

（4）如果有石方，那护壁就不用伸入石方。

（5）在实际工程中，护壁上下厚度不一致时，应灵活运用计算公式准确计算护壁的工程量。

▲●■

拓展问题 1：计算人工挖桩的工程量时，用土方的工程量加上护壁的工程量是否就是桩的工程量？

_____

_____

_____

拓展问题 2：是否计算完土方的工程量、护壁的工程量及承台的工程量就能得出人工挖孔桩的工程量？

_____

_____

_____

学与做

【案例 2-9】 人工挖孔桩如图 2-15 所示。桩的编号是 ZH－2，承台的尺寸为 2 000 mm×2 000 mm×500 mm，护壁厚为 100 mm，不考虑放坡，设计室外地坪为－0.300 m，土为三类土，桩的相关参数见表 2-29。计算 ZH－2 桩芯土方与护壁体积及桩的工程量，对其进行定额组价并计算清单综合单价（管理费为人工费的 23.29%，附加税采用工程项目在市区，即人工费的 1.84%，利润为人工费的 15.99%，不考虑人材机调差）。

定额基价表请查找江西定额及统一基价表或扫描下方二维码获取。

江西定额及统一基价表

表 2-29 桩的相关参数

桩编号	桩身混凝土强度等级	桩顶或桩帽顶标高 D_c/m	型号	桩尺寸		钢筋笼长/m	桩扩大头尺寸				
				桩径 d/mm	桩长 H/m		D/mm	a/mm	h_a/mm	h_c/mm	h_d/mm
ZH—1	C25	−0.30	A	1 000	6～9	2/3H	1 700	350	5 000	800	300
ZH—2	C25	−0.30	A	1 000	6～9	2/3H	2 000	500	6 000	1 200	350
ZH—3	C25	0.30	A	1 200	6～9	2/3H	2 400	600	6 500	1 500	350

引导问题 1：观察表 2-29，计算出该桩的桩身长，并得出桩的各个部位的尺寸。

引导问题 2：计算桩芯土方与护壁体积时，如何分段计算？分成哪几段？各段该如何计算？

小提示

（1）桩芯土方工程量，可分为标准段与底部扩大段进行计算，各段分别利用公式。

（2）对于护壁体积的计算，可分为锥形台护壁与桩身护壁进行计算。但是计算护壁时，注意累加标准段与扩大头段体积。

各段分别利用公式计算。

桩身护壁体积：

$$V = h_a \times (\pi d^2/4 - \pi d_1{}^2/4)$$

扩大头护壁体积：

$$V_{锥形} = \pi/2\ h_c \times \delta\ (D + d - 2\delta)$$

$$V_{圆柱} = h \times (\pi D^2 - \pi D_1^2)$$

$$V_{扩大头} = V_{锥形} + V_{圆柱}$$

护壁体积：

$$V_6 = V_{扩大头} + V_{圆柱}$$

式中　D──分段锥体下口外径；

　　　d──分段锥体上口外径；

　　　δ──护壁厚度；

　　　h_a──桩身的长度；

　　　D_1──锥体下口内径；

　　　D──锥体下口外径；

　　　$V_{锥形}$──扩大头中锥形的部分；

　　　$V_{圆柱}$──扩大头中的圆柱部分。

（3）计算人工挖孔桩的土方工程量时，计算完桩芯的工程量、护壁的工程量并不能得出人工挖孔桩的土方工程量。

本题中桩的上面还有承台，承台处发生的土方量应加入土方工程量。计算公式如下：

$$V_{承台} = 长 \times 宽 \times 高$$

$$V_{承台土方} = (长 + 工作面) \times (宽 + 工作面) \times 高$$

如果承台顶（或桩顶）标高与设计室外地坪标高不一致时，要考虑其标高差所产生的土方工程量。

案例解答：

_____

_____

_____

_____

_____

_____

案例解答

拓展问题 1： 人工挖孔桩施工工艺是什么？

_____

_____

_____

_____

拓展问题 2： 人工挖孔桩检查验收有哪些要求？

_____

_____

_____

_____

_____

 总结拓展

　　（1）图纸是工程师的语言，图纸上有说明，就按图纸的表格进行分析。读出桩的桩身及桩的各个部位的尺寸。

　　（2）桩基土方量分为圆柱段与扩大头段分别进行计算，注意不要忘记计算扩大头中的那段圆柱体的体积。

　　（3）挖孔桩施工工艺：放样定位，准备施工的水与电，支三脚架，挖土，装圆锥形的护壁模板，浇灌护壁混凝土，为第一节护壁施工过程，每节施工深度为 0.8～1.0 m，具体的详见设计或标准图要求。再进行第二节施工，当达到设计要求的持力层或设计的桩长时，此节应挖扩大头而不浇护壁，待经验收符合要求后，放入钢筋笼，浇灌桩芯混凝土，浇水养护，必须确保桩基的垂直度，严格控制配合比以确保混凝土设计强度。

▲●■

实战训练

试计算人工挖孔桩工程量。

图纸

（用浏览器扫描，

下载图纸文件）

微课

任务书

评价

任务五　筏形基础土方及基础工程量的计算

⊕ **教与学**

知识准备

一、实际工程中的筏形基础

筏形基础如图 2-16 所示。

图 2-16　筏形基础

二、清单计算规则

筏形基础清单计算规则见表 2-4。

三、定额计算规则

1. 模板

无梁式满堂基础有扩大或角锥形柱墩时，并入无梁式满堂基础内计算。有梁式满堂基础梁高（从板面或板底计算，梁高不含板厚）≤1.2 m 时，基础和梁合并计算；>1.2 m 时，底板按无梁式满堂基础模板项目计算，梁按混凝土墙模板项目计算。箱形满堂基础应分别按无梁式满堂基础、柱、墙、梁、板的有关规定计算。地下室底板按无梁式满堂基础模板项目计算。

2. 混凝土

混凝土工程量除另有规定者外，均按设计图示尺寸以体积计算。不扣除构件内钢筋、预埋铁件及墙、板中 0.3 m^2 以内的孔洞所占体积。型钢混凝土中型钢骨架所占体积按（密度）7 850 kg/m^3 扣除。

基础：按设计图示尺寸以体积计算，不扣除伸入承台基础的桩头所占体积。

带形基础：不分有肋式与无肋式均按带形基础项目计算，有肋式带形基础，肋高（指基础扩大顶面至梁顶面的高）≤1.2 m 时，合并计算；>1.2 m 时，扩大顶面以下的基础部分，按带形基础项目计算，扩大顶面以上部分，按墙项目计算。

箱形基础分别按基础、柱、墙、梁、板等有关规定计算。

设备基础：设备基础除块体（块体设备基础是指没有空间的实心混凝土形状）以外，其他类型设备基础，分别按基础、柱、墙、梁、板等有关规定计算。

【案例 2-10】　筏形基础如图 2-17 所示。土为三类土，基础梁的尺寸为 300 mm×600 mm，集水井深为 1 200 mm，放坡系数为 0.33，采用人工开挖，工作面宽度为 300 mm，计算平整场地、挖土方、混凝土体积及模板的工程量，对其进行定额组价并计算清单综合单价（管理费为人工费的 23.29%，附加税采用工程项目在市区，即人工费的 1.84%，利润为人工费的 15.99%，不考虑人材机调差）。

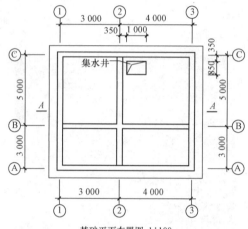

基础平面布置图 1:100

定额基价表请查找江西定额及统一基价表或扫描下方二维码获取。

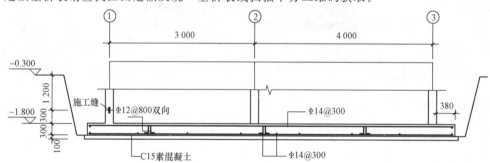

A—A 1:100

图 2-17　筏形基础

江西定额及统一基价表

引导问题 1：什么是筏形基础？

_____

_____

_____

_____

引导问题2：筏形基础有哪些类型？

_____

_____

_____

_____

引导问题3：筏形基础适用哪些地质？

_____

_____

_____

_____

引导问题4：筏形基础属于深基础吗？土方挖、填如何处理？

_____

_____

_____

_____

_____

 小提示

（1）筏形基础即满堂基础，是把柱下独立基础或条形基础全部用连系梁连系起来，下面再整体浇筑底板，由底板、梁等整体组成。

（2）筏形基础可分为平板式筏形基础和梁板式筏形基础。平板式筏形基础支持局部加厚筏板类型；梁板式筏形基础支持肋梁上平及下平两种形式。

（3）建筑物荷载较大，地基承载力较弱，常采用混凝土底板，承受建筑物荷载，形成筏形基础，其整体性好，能很好地抵抗地基不均匀沉降。

（4）一般来说，地基承载力不均匀或地基软弱的时候用筏形基础。而且筏形基础埋深比较浅，甚至可以做不埋深式基础。

▲●■

案例解答：

筏板土方的工程量：

土方工程量：

①土方体积＝（7＋0.3＋0.38×2＋2×0.3＋0.33×1.8）×（8＋0.3＋0.38×2＋2×0.3＋0.33×1.8）×1.8＋1/3×0.33²×1.8³＋（7＋0.3＋0.38×2＋0.2）×（8＋0.3＋0.38×2＋0.2）×0.1＝178.66（m³）

$V_{集水井}=1\times0.85\times0.8=0.68$ （m^3）

$V=178.66+0.68=179.34$ （m^3）

②混凝土的体积：

$V_{垫层}=(7+0.3+0.38\times2+0.2)\times(8+0.3+0.38\times2+0.2)\times0.1-1\times0.85\times0.1$

$\qquad=7.38$ （m^3）

$V_{基础梁}=L_{净长}\times S_{截面}$

$\qquad=(7\times2+8\times2+7-0.3+8-0.6)\times0.3\times(0.6-0.3)$

$\qquad=3.97$ （m^3）

$V_{集水井}=a\times b\times h_2=1\times0.85\times0.3$

$\qquad=0.255$ （m^3）

$V_{筏板}=(7+0.3+0.38\times2)\times(8+0.3+0.38\times2)\times0.3-0.255$

$\qquad=21.65$ （m^3）

$V_{混凝土}=V_{筏板}+V_{基础梁}=21.65+3.97$

$\qquad=25.62$ （m^3）

③混凝土模板：

$S_{筏形}=(7+0.3+0.38\times2+8+0.3+0.38\times2)\times2\times0.3+(1+0.85)\times2\times0.3$

$\qquad=11.38$ （m^2）

$S_{基础梁}=(7+8)\times4\times0.3+[(7-0.3)+(8-0.3)]\times2\times0.3-0.3\times0.3\times8$

$\qquad=25.92$ （m^2）

$S_{总}=11.38+25.92=37.3$ （m^2）

定额组价及清单综合单价计算见表2-30～表2-33。

表 2-30　人工挖一般土方分部分项和措施项目清单综合单价计算表

序号	定额编号	项目名称	单位	单价	
				定额单价	其中：人工单价
一	1—4	人工挖一般土方（基深）三类土 ≤4 m	元/（10 m^3）	398.31	398.31
二	小计			398.31	398.31
三	企业管理费	人工费×（23.29%+1.84%）	元	100.10	
四	利润	人工费×15.99%	元	63.69	
五	定额工程量		m^3	179.34	
六	总费用	五×（二+三+四）	元	100 806.13	
七	清单工程量		m^3	179.34	
八	综合单价	六÷七/10	元/m^3	56.21	

表 2-31　混凝土垫层分部分项和措施项目清单综合单价计算表

序号	定额编号	项目名称	单位	单价	
				定额单价	其中：人工单价
一	5-1	现浇混凝土　垫层	元/（10 m³）	3 006.03	314.67
二	小计			3 006.03	314.67
三	企业管理费	人工费×（23.29％＋1.84％）	元	79.08	
四	利润	人工费×15.99％	元	50.32	
五	定额工程量		m³	7.38	
六	总费用	五×（二＋三＋四）	元	23 139.42	
七	清单工程量		m³	7.38	
八	综合单价	六÷七/10	元/m³	313.54	

表 2-32　筏形基础分部分项和措施项目清单综合单价计算表

序号	定额编号	项目名称	单位	单价	
				定额单价	其中：人工单价
一	5-7	现浇混凝土 满堂基础 有梁式	元/（10 m³）	3 074.46	264.1
二	小计			3 074.46	264.1
三	企业管理费	人工费×（23.29％＋1.84％）	元	66.37	
四	利润	人工费×15.99％	元	42.23	
五	定额工程量		m³	25.622	
六	总费用	五×（二＋三＋四）	元	81 556.31	
七	清单工程量		m³	25.622	
八	综合单价	六÷七/10	元/m³	318.31	

表 2-33　筏形基础模板分部分项和措施项目清单综合单价计算表

序号	定额编号	项目名称	单位	单价	
				定额单价	其中：人工单价
一	5-231	满堂基础 有梁式 复合模板 钢支撑	元/（100 m²）	2 731.7	1 425.88
二	小计			2 731.70	1 425.88
三	企业管理费	人工费×（23.29%＋1.84%）	元	358.32	
四	利润	人工费×15.99%	元	228.00	
五	定额工程量		m²	37.30	
六	总费用	五×（二＋三＋四）	元	123 762.22	
七	清单工程量		m²	37.3	
八	综合单价	六÷七/100	元/m²	33.18	

小提示

（1）对于筏形基础土方工程量的计算，可看作一个棱台进行计算，如图 2-12 所示。

根据公式 $V=(2C+KH)×(2C+KH)×H+1/3×K^2×H^2$（式中，$1/3K^2H^3$ 表示四角锥体的体积，K 是放坡系数）。

（2）混凝土的体积则用垫层的体积加上筏形基础的体积加上基础梁的体积，但是注意要扣减板厚，主次梁相交的部分记得要扣减集水井的体积等一些细节问题。

（3）混凝土模板的面积用筏形基础侧面的面积加上基础梁侧面面积得出，注意扣减面积重叠部分，还有记得加上集水井的模板量。

▲●■

引导问题 1： 开挖筏形基础要考虑工作面，其工作面为多少？

_____

_____

_____

引导问题 2： 计算筏形基础的模板时，主梁与次梁连接、梁与柱连接时，模板面积怎么计算？

_____

_____

_____

引导问题 **3**：垫层是否要计算模板？

_____

_____

引导问题 **4**：机械挖土时，土方套价应如何计算？

_____

_____

引导问题 **5**：施工前是否要进行基底钎探，其作用是什么？

_____

_____

_____

总结拓展

（1）人工开挖筏形基础要考虑工作面，其工作面为 300 mm。

（2）计算筏形基础的模板时，主梁与次梁连接时，次梁长算至主梁的侧面；梁与柱连接时，梁长算至柱的侧面。

（3）机械挖土方时，施工方案中提到预留 10% 或 200 mm 高人工挖填找平，此部分的土方套价时应考虑人机配合挖土。

（4）地基钎探就是为了看地下是不是存在软弱卧层或防空洞、墓穴之类的东西，如果不存在这个情况，做了也没有意义。

▲●■

实战训练

计算住宅楼筏形基础工程量。

图纸
（用浏览器扫描，
下载图纸文件）

微课（一）

微课（二）

任务书

评价

项目三　主体结构

清单计算规则

定额计算规则

小故事大智慧

项目三　主体结构

姓名：　　　　　　　　　　　班级：　　　　　　　　　　　日期：

主体结构的施工流程与工程列项如图 3-1 所示。

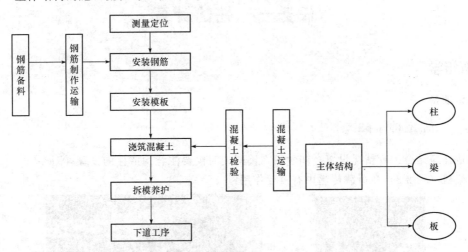

图 3-1　主体结构的施工流程与工程列项

任务一　柱的计算

⊕ **教与学**

知识准备

一、实际工程中的构造柱

构造柱应结合工程情况设置，同学们在读图的时候要注意构造柱的设置（图 3-2）。
框架柱（图 3-3）在荷载传递中有重要作用。

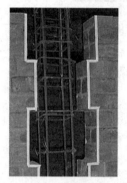

图 3-2　构造柱

图 3-3　框架柱

以下列举两个不同工程对构造柱的设计要求：

（1）填充墙的构造柱位置详见各层建筑平面，除特别注明外，构造柱截面尺寸均为 240 mm×240 mm，纵筋为 4Φ12，箍筋为 ϕ6@200。电梯井道四角均应设构造柱，构造柱截面尺寸均为 240 mm×240 mm，纵筋为 4Φ12，箍筋 ϕ6@200；电梯井道从基坑顶 0.5 m 以上，每隔 2.5 m 设圈梁，截面尺寸为 200 mm×300 m，纵筋 4Φ12，箍筋 ϕ8@200。

（2）钢筋混凝土构造柱（GZ）位置详见结构平面图，构造柱须先砌墙后浇柱，砌墙时沿墙高每隔 500 mm 设 1ϕ6 钢筋（120 mm 厚墙）；2ϕ6 钢筋（180 mm、240 mm 厚墙）；3ϕ6 钢筋（370 mm 厚墙），并埋入墙内 1 000 mm 且与柱连接（图 3-4）。

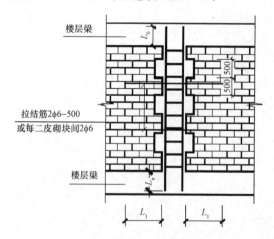

图 3-4　钢筋混凝土构造柱

二、清单计算规则

柱清单计算规则见表 3-1。

表 3-1 柱清单计算规则

项目编码	项目名称	项目特征	计量单位	工程量计算规则	工作内容
010502001	矩形柱	1. 混凝土种类；2. 混凝土强度等级	m³	按设计图示尺寸以体积计算。 柱高： 1. 有梁板的柱高，应自柱基上表面（或楼板上表面）至上一层楼板上表面之间的高度计算。 2. 无梁板的柱高，应自柱基上表面（或楼板上表面）至柱帽下表面之间的高度计算。 3. 框架柱的柱高；应自柱基上表面至柱顶高度计算。 4. 构造柱按全高计算，嵌接墙体部分（马牙槎）并入柱身体积。 5. 依附柱上的牛腿和升板的柱帽，并入柱身体积计算	1. 模板及支架（撑）制作、安装、拆除、堆放、运输及清理模内杂物、刷隔离剂等； 2. 混凝土制作、运输、浇筑、振捣、养护
010502002	构造柱				
010502003	异形柱	1. 柱形状；2. 混凝土种类；3. 混凝土强度等级			

三、定额计算规则

柱按设计图示尺寸以体积计算。

（1）有梁板的柱高，应自柱基上表面（或楼板上表面）至上一层楼板上表面之间的高度计算；

（2）无梁板的柱高，应自柱基上表面（或楼板上表面）至柱帽下表面之间的高度计算；

（3）框架柱的柱高，应自柱基上表面至柱顶面高度计算；

（4）构造柱按全高计算，嵌接墙体部分（马牙槎）并入柱身体积；

（5）依附柱上的牛腿，并入柱身体积计算。

【案例 3-1】 试计算图 3-5 所示的构造柱混凝土及模板工程量，对其进行定额组价并计算清单综合单价。柱高为 3.6 m，其中四面槎 3 根，三面槎 17 根，两面槎 9 根（管理费为人工费的 23.29%，附加税采用工程项目在市区，即人工费的 1.84%，利润为人工费的 15.99%，不考虑人材机调差）。

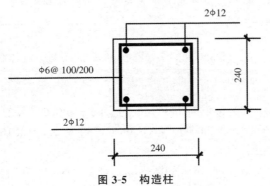

图 3-5 构造柱

定额基价表请查找江西定额及统一基价表或扫描下方二维码获取。

江西定额及统一基价表

引导问题 1：什么是构造柱？构造柱有何作用？

_____

_____

_____

_____

_____

_____

引导问题 2：构造柱计算时应注意哪些问题（混凝土、模板)？

_____

_____

_____

_____

_____

_____

_____

 小提示

(1) 马牙槎的宽度一边取 60 mm，详见构造柱知识补充，因此，在计算其混凝土工程量时应加上马牙槎的量。

(2) 计算构造柱模板时，一般是取其最宽面即马牙槎的宽度面。

▲●■

案例解答：

1. 清单工程量

(1) 混凝土工程量：

$V = [(0.2×0.24+0.06×0.24+0.06×0.2) ×5+ (0.2×0.24+0.24×0.06+0.06×0.2/2) ×10+ (0.2×0.24+0.24×0.06) ×6] ×3.6=5.15 (m^3)$

(2) 混凝土模板工程量：

$S = [0.06×8×5+ (0.2+0.06×6) ×10+ (0.2×2+0.06×4) ×6] ×3.60=42.624 (m^2)$

2. 定额工程量

(1) 混凝土工程量：

$V = [(0.2 \times 0.24 + 0.06 \times 0.24 + 0.06 \times 0.2) \times 5 + (0.2 \times 0.24 + 0.24 \times 0.06 + 0.06 \times 0.2/2) \times 10 + (0.2 \times 0.24 + 0.24 \times 0.06) \times 6] \times 3.6 = 5.15 \ (m^3)$

(2) 混凝土模板工程量：

$S = [0.06 \times 8 \times 5 + (0.2 + 0.06 \times 6) \times 10 + (0.2 \times 2 + 0.06 \times 4) \times 6] \times 3.60 = 42.624 \ (m^2)$

3. 清单综合单价

构造柱及其模板分部分项和措施项目清单综合单价计算见表3-2、表3-3。

表 3-2　构造柱分部分项和措施项目清单综合单价计算表

序号	定额编号	项目名称	单位	单价	
				定额单价	其中：人工单价
一	5—12	现浇构造柱	元/（10 m³）	3 903.85	1 026.12
二	小计			3 903.85	1 026.12
三	企业管理费	人工费×（23.29％+1.84％）	元	257.86	
四	利润	人工费×15.99％	元	164.08	
五	定额工程量		m³	5.15	
六	总费用	五×（二+三+四）	元	22 277.82	
七	清单工程量		m³	5.15	
八	综合单价	六÷七/10	元/m³	432.58	

表 3-3　构造柱模板分部分项和措施项目清单综合单价计算表

序号	定额编号	项目名称	单位	单价	
				定额单价	其中：人工单价
一	5—255	构造柱复合模板	元/（100 m²）	2 938.05	1 312.06
二	小计			2 938.05	1 312.06
三	企业管理费	人工费×（23.29％+1.84％）	元	329.72	
四	利润	人工费×15.99％	元	209.80	
五	定额工程量		m²	42.624	
六	总费用	五×（二+三+四）	元	148 227.90	
七	清单工程量		m²	42.624	
八	综合单价	六÷七/100	元/m²	34.78	

小提示

（1）在编写清单中，应写明清单的项目特征，本案例项目特征为矩形柱；首层 240 mm 内墙上 GZ1；柱截面：240 mm×240 mm，带马牙槎；混凝土强度等级：C25；混凝土拌合料要求：中砂碎石。

（2）混凝土工程量 V＝柱高×断面面积×柱根数；模板工程量 S＝柱高×（模板接触面柱宽＋马牙槎）×柱根数。

▲●■

拓展问题 1： 所有的砖混结构都有构造柱吗？

_____

_____

_____

拓展问题 2： 构造柱的计算范围有哪些？

_____

_____

_____

_____

【案例 3-2】　　试计算图 3-6 所示的结构框架柱混凝土及模板工程量，对其进行定额组价并计算清单综合单价，柱高为 4.5 m（管理费为人工费的 23.29％，附加税采用工程项目在市区，即人工费的 1.84％，利润为人工费的 15.99％，不考虑人材机调差）。

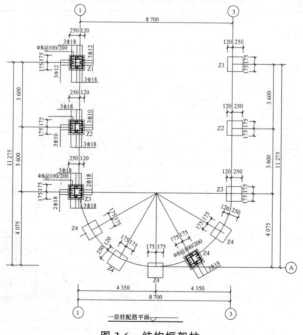

图 3-6　结构框架柱

定额基价表请查找江西定额及统一基价表或扫描下方二维码获取。

江西定额及统一基价表

引导问题：柱高度是算至梁（板）底还是算至梁（板）顶？

_____

_____

 小提示

　　柱子在建筑物的上部结构中起"老大"作用，其他构件遇到柱都要"让步"，即柱从基础顶面算至屋顶。在基础部分，柱起点是从基础顶面开始计算。

▲●■

案例解答：

1. 清单工程量

（1）混凝土工程量。

$$V_{Z_1}=0.35\times0.37\times4.5\times2=1.17（m^3）$$
$$V_{Z_2}=0.35\times0.37\times4.5\times2=1.17（m^3）$$
$$V_{Z_3}=0.35\times0.37\times4.5\times2=1.17（m^3）$$
$$V_{Z_4}=0.35\times0.37\times4.5\times5=2.91（m^3）$$
$$V_{总}=1.17\times3+2.91=6.42（m^3）$$

（2）混凝土模板量。

$$S_{Z_1}=2\times1.44\times4.5=12.96（m^2）$$
$$S_{Z_2}=2\times1.44\times4.5=12.96（m^2）$$
$$S_{Z_3}=2\times1.44\times4.5=12.96（m^2）$$
$$S_{Z_4}=5\times1.44\times4.5=32.4（m^2）$$
$$S_{总}=12.96\times3+32.4=71.28（m^2）$$

2. 定额工程量

（1）混凝土工程量。

$$V_{Z_1}=0.35\times0.37\times4.5\times2=1.17（m^3）$$
$$V_{Z_2}=0.35\times0.37\times4.5\times2=1.17（m^3）$$
$$V_{Z_3}=0.35\times0.37\times4.5\times2=1.17（m^3）$$
$$V_{Z_4}=0.35\times0.37\times4.5\times5=2.91（m^3）$$
$$V_{总}=1.17\times3+2.91=6.42（m^3）$$

（2）混凝土模板量。

$$S_{Z_1}=2\times1.44\times4.5=12.96（m^2）$$
$$S_{Z_2}=2\times1.44\times4.5=12.96（m^2）$$

$$S_{Z_3} = 2 \times 1.44 \times 4.5 = 12.96 \text{（m}^2）$$

$$S_{Z_4} = 5 \times 1.44 \times 4.5 = 32.4 \text{（m}^2）$$

$$S_{\text{总}} = 12.96 \times 3 + 32.4 = 71.28 \text{（m}^2）$$

3. 清单综合单价

框架柱及模板分部分项和措施项目清单综合单价计算见表3-4、表3-5。

表 3-4　框架柱分部分项和措施项目清单综合单价计算表

序号	定额编号	项目名称	单位	单价	
				定额单价	其中：人工单价
一	5-11	现浇矩形柱	元/（10 m³）	3 486.99	612.94
二	小计			3 486.99	612.94
三	企业管理费	人工费×（23.29%＋1.84%）	元	154.03	
四	利润	人工费×15.99%	元	98.01	
五	定额工程量		m³	6.42	
六	总费用	五×（二＋三＋四）	元	24004.58	
七	清单工程量		m³	6.42	
八	综合单价	六÷七/10	元/m³	373.90	

表 3-5　框架柱模板分部分项和措施项目清单综合单价计算表

序号	定额编号	项目名称	单位	单价	
				定额单价	其中：人工单价
一	5－253	矩形柱复合模板	元/（100 m²）	3 868.64	1 822.06
二	5－259	柱支撑高度超过3.6 m，每增加1 m钢支撑	元/（100 m²）	276.97	234.01
三	5－287	柱面螺栓堵眼	元/（100 m²）	107.17	96.9
四	小计			4 252.78	2 152.97
五	企业管理费	人工费×（23.29%＋1.84%）	元	541.04	

续表

序号	定额编号	项目名称	单位	单价	
				定额单价	其中：人工单价
六	利润	人工费×15.99%	元	344.26	
七	定额工程量		m²	71.28	
八	总费用	七×（四+五+六）	元	366 242.43	
九	清单工程量		m²	71.28	
十	综合单价	八÷九/100	元/m²	51.38	

小提示

（1）在编写清单中，应写明清单的项目特征，本例项目特征为矩形柱；首层框架柱；柱截面：350 mm×370 mm；混凝土强度等级：C25；混凝土拌合料要求：中砂碎石。

（2）混凝土工程量 $V=$ 柱高×断面面积×柱根数；模板工程量 $S=$ 根数×$\sum$基础矩形柱周长×基础矩形柱高。

▲●■

拓展问题： 在基础部分，柱的分界点在何处？

_____

_____

学与做

【案例3-3】 计算图3-7所示的构造柱混凝土及模板工程量，对其进行定额组价并计算清单综合单价。柱高为3.6 m，其中四面楂5根，三面楂10根，两面楂6根（管理费为人工费的23.29%，附加税采用工程项目在市区，即人工费的1.84%，利润为人工费的15.99%，不考虑人材机调差）。

定额基价表请查找江西定额及统一基价表或扫描下方二维码获取。

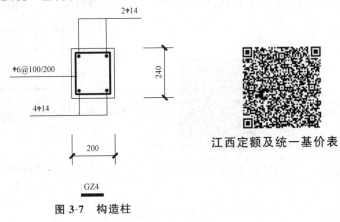

图3-7 构造柱

案例解答：

_____

_____

_____

【案例 3-4】 根据表 3-6 柱表信息计算柱混凝土及模板工程量，对其进行定额组价并计算清单综合单价柱的箍筋类型如图 3-8 所示（管理费为人工费的 23.29%，附加税采用工程项目在市区，即人工费的 1.84%，利润为人工费的 15.99%，不考虑人材机调差）。

表 3-6　柱表

柱号	标高	$B \times h$（圆柱直径 D）	全部纵筋	角筋	b 边一侧中部筋	h 边一侧中部筋	箍筋类型号	箍筋
KZ1	±0.000～4.300	500×400	12Φ18				2（4×4）	Φ10@100/200
KZ2	±0.000～4.300	400×400	12Φ18				2（4×4）	Φ10@100/200
KZ3	±0.000～4.300	500×500	12Φ18				2（4×4）	Φ10@100/200
KZ4	±0.000～4.300	600×600	16Φ18				2（4×4）	Φ10@100/200
KZZ1	±0.000～4.300	600×600	16Φ22				2（4×4）	Φ12@100
KZZ2	±0.000～4.30	650×650	16Φ25				2（4×4）	Φ12@100

注：KZ 为框架柱，KZZ 为框支柱。

定额基价表请查找江西定额及统一基价表或扫描下方二维码获取。

江西定额及统一基价表

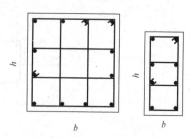

箍筋类型2(m×n)　　箍筋类型1(m×n)

图 3-8　箍筋类型

姓名：　　　　　　　　　　班级：　　　　　　　　　　日期：

案例解答：

_____

_____

_____

案例解答

 总结拓展

剪力墙里面的柱子不需要单独列出计算，应直接并入剪力墙内。

▲●■

实战训练

计算住宅楼首层框架柱工程量与计价。

图纸
（用浏览器扫描，
下载图纸文件）

微课（一）

微课（二）

微课（三）

任务书

评价

任务二　梁的计算

教与学

知识准备

一、实际工程中的梁

在实际工程中，梁一般情况下分为单梁和有梁板两块。单梁的主要代表有屋顶的构架梁及基础梁，有梁板则在目前的建筑结构中比较常见（图3-9）。

图 3-9　梁

二、清单计算规则

梁清单计算规则见表3-7。

表 3-7　梁清单计算规则

项目编码	项目名称	项目特征	计量单位	工程量计算规则	工作内容
010503001	基础梁	1. 混凝土种类； 2. 混凝土强度等级	m³	按设计图示尺寸以体积计算。伸入墙内的梁头、梁垫并入梁体积。 梁长： 1. 梁与柱连接时，梁长算至柱侧面； 2. 主梁与次梁连接时，次梁长算至主梁侧面	1. 模板及支架（撑）制作、安装、拆除、堆放、运输及清理模内杂物、刷隔离剂等； 2. 混凝土制作、运输、浇筑、振捣、养护
010503002	矩形梁				
010503003	异形梁				
010503004	圈梁				
010503005	过梁				
010503006	弧形、拱形梁		m³		

三、定额计算规则

梁按设计图示尺寸以体积计算，伸入砖墙内的梁头、梁垫并入梁体积内。

（1）梁与柱连接时，梁长算至柱侧面；

（2）主梁与次梁连接时，次梁长算至主梁侧面。

【案例 3-5】　试计算图3-10所示框架梁的混凝土及模板工程量，对其进行定额组价并计算清单综合单价，板厚为 130 mm，柱子规格为 240 mm×240 mm（管理费为人工费的 23.29%，附加税采用工程项目在市区，即人工费的 1.84%，利润为人工费的 15.99%，不考虑人材机调差）。

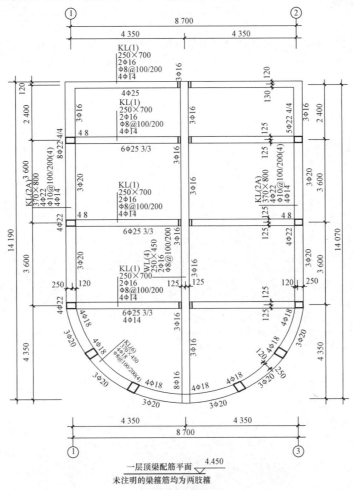

图 3-10　框架梁

定额基价表请查找江西定额及统一基价表或扫描下方二维码获取。

江西定额及统一基价表

引导问题 1： 定额中有梁、板，要分开梁和板的工程量吗？

_____

_____

引导问题 2： 当遇到单独一根梁的时候该如何处理？

_____

_____

小提示

（1）如果是板下有次梁，则不会将有梁板的板和梁分开计算，梁和板统一套用有梁板子目。

（2）遇到单独的一根梁时，可以按单梁计算体积，在定额中套用矩形梁子目。

▲●■

案例解答：

1. 清单工程量

（1）混凝土工程量。

$V_{KL(6)} = 0.37 \times (0.45 - 0.13) \times (3.14 \times 8.7 \div 2 - 6 \times 0.24) \times 1 = 1.447$（m³）

$V_{KL(1)} = 0.25 \times (0.7 - 0.13) \times (8.7 - 0.24) \times 4 = 4.822$（m³）

$V_{KL(2)} = 0.37 \times (0.8 - 0.13) \times [(3.6 - 0.24) \times 4 + (2.4 - 0.12) \times 2] = 4.462$（m³）

（2）混凝土模板工程量。

$S_{KL(6)} = 12.22 \times 2 \times (0.45 - 0.13) = 14.175$（m²）

$S_{KL(1)} = 4 \times (8.7 - 0.24) \times 2 \times (0.7 - 0.13) = 38.578$（m²）

$S_{KL(2)} = 18 \times 2 \times (0.8 - 0.13) = 24.12$（m²）

2. 定额工程量

（1）混凝土工程量。

$V_{KL(6)} = 0.37 \times (0.45 - 0.13) \times (3.14 \times 8.7 \div 2 - 6 \times 0.24) \times 1 = 1.447$（m³）

$V_{KL(1)} = 0.25 \times (0.7 - 0.13) \times (8.7 - 0.24) \times 4 = 4.822$（m³）

$V_{KL(2)} = 0.37 \times (0.8 - 0.13) \times [(3.6 - 0.24) \times 4 + (2.4 - 0.12) \times 2] = 4.462$（m³）

（2）混凝土模板工程量。

$S_{KL(6)} = 12.22 \times 2 \times (0.45 - 0.13) = 14.175$（m²）

$S_{KL(1)} = 4 \times (8.7 - 0.24) \times 2 \times (0.7 - 0.13) = 38.578$（m²）

$S_{KL(2)} = 18 \times 2 \times (0.8 - 0.13) = 24.12$（m²）

3. 清单综合单价

框架梁及模板分部分项和措施项目清单综合单价计算见表3-8、表3-9。

表 3-8 框架梁分部分项和措施项目清单综合单价计算表

序号	定额编号	项目名称	单位	单价	
				定额单价	其中：人工单价
一	5—17	现浇矩形梁	元/10 m³	3093.59	256.45
二	小计			3093.59	256.45
三	企业管理费	人工费×（23.29%＋1.84%）	元	64.45	
四	利润	人工费×15.99%	元	41.01	
五	定额工程量		m³	10.73	
六	总费用	五×（二＋三＋四）	元	34328.92	
七	清单工程量		m³	10.73	
八	综合单价	六÷七/10	元/m³	319.90	

表 3-9　框架梁模板分部分项和措施项目清单综合单价计算表

序号	定额编号	项目名称	单位	单价	
				定额单价	其中：人工单价
一	5－265	矩形梁复合模板	元/（100 m²）	3 357.9	1 550.83
二	5－275	梁支撑高度超过 3.6 m，每增加 1 m 钢支撑	元/（100 m²）	320.25	244.21
三	5－287	梁面螺栓堵眼	元/（100 m²）	125.03	113.05
四	小计			3 803.18	1 908.09
五	企业管理费	人工费×（23.29%＋1.84%）	元	479.50	
六	利润	人工费×15.99%	元	305.10	
七	定额工程量		m²	76.873	
八	总费用	七×（四＋五＋六）	元	352 676.92	
九	清单工程量		m²	76.87	
十	综合单价	八÷九/100	元/m²	45.88	

 小提示

　　（1）在编写清单中，应写明清单的项目特征，本案例项目特征为矩形梁；首层框架梁；混凝土强度等级：C25；梁截面：370 mm×（450－130）mm。

　　（2）混凝土工程量 $V＝$ 截面面积×梁长×梁根数；

　　模板工程量 $S＝\sum$ 梁长 $L×$（梁宽＋2×梁高）。

拓展问题 1： 当遇到有梁板时，如何更好地处理该部分的工程量？

_____

拓展问题 2： 在计算多跨梁时，可以如何考虑使得计算起来更迅速准确？

_____

拓展问题3：在计算有梁板时，可将次梁算至板底，这样是否可以将板作为一个整体来计算以避免板被梁分割成小块从而增加了工作量？

_____

_____

拓展问题4：在计算有梁板的梁模板时，是否可先将梁的侧模计算出来，底模则和板一起合并计算？

_____

_____

_____

⚙ 学与做

【案例3-6】　计算图3-11所示屋面框架梁的混凝土及模板工程量，对其进行定额组价并计算清单综合单价。板厚150 mm，柱子规格为240 mm×240 mm（管理费为人工费的23.29%，附加税采用工程项目在市区，即人工费的1.84%，利润为人工费的15.99%，不考虑人材机调差）。

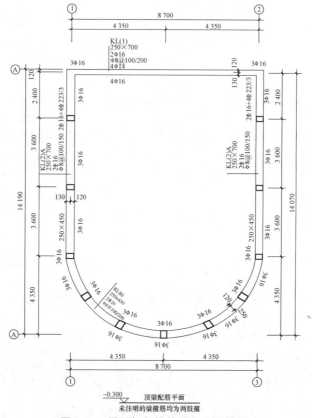

图 3-11　屋面框架梁的混凝土及模板

定额基价表请查找江西定额及统一基价表或扫描下方二维码获取。

江西定额及统一基价表

案例解答：

案例解答

 总结拓展

　　在计算多跨梁时，可以先把该梁的净长（跨）计算出来，然后乘以梁的截面，而不需要按轴线长度来计算后再扣减柱子的尺寸。

▲●■

实战训练

　　计算住宅楼首层梁工程量与计价。

图纸
（用浏览器扫描，
下载图纸文件）

微课（一）

微课（二）

微课（三）

任务书

评价

任务三　板的计算

⊕ 教与学

知识准备

一、实际工程中的板

在实际工程中，板一般情况下分为平板、有梁板、无梁板。平板与有梁板则在目前的建筑结构中比较常见（图 3-12）。

图 3-12　板

二、清单计算规则

板清单计算规则见表 3-10。

表 3-10　板清单计算规则

项目编码	项目名称	项目特征	计量单位	工程量计算规则	工作内容
010505001	有梁板	1. 混凝土种类；2. 混凝土强度等级	m³	按设计图示尺寸以体积计算，不扣除单个面积≤0.3 m² 的柱、垛以及孔洞所占体积。压形钢板混凝土楼板扣除构件内压形钢板所占体积。有梁板（包括主、次梁与板）按梁、板体积之和计算，无梁板按板和柱帽体积之和计算，各类板伸入墙内的板头并入板体积，薄壳板的肋、基梁并入薄壳体积内计算	1. 模板及支架（撑）制作、安装、拆除、堆放、运输及清理模内杂物、刷隔离剂等；2. 混凝土制作、运输、浇筑、振捣、养护
010505002	无梁板				
010505003	平板				
010505004	拱板				
010505005	薄壳板				
010505006	栏板				
010505007	天沟（檐沟）、挑檐板			按设计图示尺寸以体积计算	
010505008	雨篷、悬挑板、阳台板			按设计图示尺寸以墙外部分体积计算。包括伸出墙外的牛腿和雨篷反挑檐的体积	
010505009	空心板			按设计图示尺寸以体积计算。空心板（GBF 高强薄壁蜂巢芯板等）应扣除空心部分体积	

三、定额计算规则

按设计图示尺寸以体积计算，不扣除单个面积 0.3 m² 以内的柱、垛及孔洞所占体积。

（1）有梁板包括梁与板，按梁、板体积之和计算。

（2）无梁板按板和柱帽体积之和计算。

（3）各类板伸入砖墙内的板头并入板体积计算，薄壳板的肋、基梁并入薄壳体积计算。

（4）空心板按设计图示尺寸以体积（扣除空心部分）计算。

【案例 3-7】　试计算图 3-13 所示的现浇板混凝土及模板工程量，对其进行定额组价并计算清单综合单价。其中层高为 4.3 m，板厚为 130 mm（管理费为人工费的 23.29%，附加税采用工程项目在市区，即人工费的 1.84%，利润为人工费的 15.99%，不考虑人材机调差）。

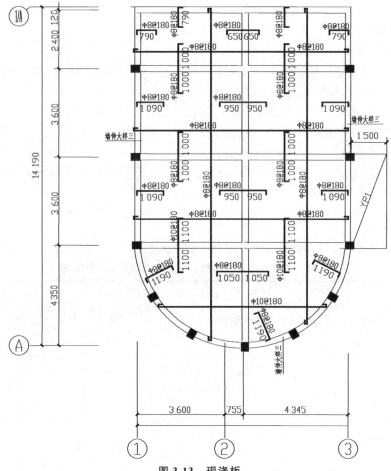

图 3-13　现浇板

定额基价表请查找江西定额及统一基价表或扫描下方二维码获取。

江西定额及统一基价表

引导问题：什么是平板、有梁板？

_____

_____

 小提示

在计算有梁板时，可将梁算至板底，这样则可以将板作为一个整体来计算以避免板被梁分割成小块从而增加工作量。当相邻板厚不一致，则需要分不同的板厚进行单独计算。

▲●■

案例解答：

1. 清单工程量

（1）混凝土工程量。

$V = (8.7+0.5) \times (9.6+0.12) \times 0.13 + 3.14 \times 4.6^2 \times 0.13 \div 2 = 15.944$（$m^3$）

（2）混凝土模板工程量。

$S = (8.7+0.5) \times (9.6+0.12) + 3.14 \times 4.6^2 \times 1/2 = 122.65$（$m^2$）

2. 定额工程量

（1）混凝土工程量。

$V = (8.7+0.5) \times (9.6+0.12) \times 0.13 + 3.14 \times 4.6^2 \times 0.13 \div 2 = 15.944$（$m^3$）

（2）混凝土模板工程量。

$S = (8.7+0.5) \times (9.6+0.12) + 3.14 \times 4.6^2 \times 1/2 = 122.65$（$m^2$）

3. 清单综合单价

平板及模板分部分项和措施项目清单综合单价计算见表 3-11、表 3-12。

表 3-11　平板分部分项和措施项目清单综合单价计算表

序号	定额编号	项目名称	单位	单价	
				定额单价	其中：人工单价
一	5-32	平板	元/10 m^3	3 183.59	298.61
二	小计			3 183.59	2 98.61
三	企业管理费	人工费×（23.29%+1.84%）	元	75.04	
四	利润	人工费×15.99%	元	47.75	
五	定额工程量		m^3	15.944	
六	总费用	五×（二+三+四）	元	52 716.90	
七	清单工程量		m^3	15.944	
八	综合单价	六÷七/10	元/m^3	330.64	

表 3-12　平板模板分部分项和措施项目清单综合单价计算表

序号	定额编号	项目名称	单位	单价	
				定额单价	其中：人工单价
一	5－293	平板 复合模板 钢支撑	元/（100 m²）	3 736.17	1 651.21
二	小计			3 736.17	1651.21
三	企业管理费	人工费×（23.29％＋1.84％）	元	414.95	
四	利润	人工费×15.99％	元	264.03	
五	定额工程量		m²	122.65	
六	总费用	五×（二＋三＋四）	元	541 517.85	
七	清单工程量		m²	122.65	
八	综合单价	六÷七/100	元/m²	44.15	

小提示

①在编写清单中，应写明清单的项目特征，本案例项目特征为有梁板，混凝土强度等级：C25；板厚：130 mm。

②混凝土工程量 $V=$ 长×宽×板厚；模板工程量 $S=$ 长×宽。

▲●■

拓展问题：计算有梁板时需要注意哪些问题（当板厚不一致时）？

＿＿＿

＿＿＿

总结拓展

因为板的混凝土计算相对比较简单，在计算板的侧模时，可以从楼层轮廓线的角度考虑，即统一计算一个板范围内的轮廓线，然后乘以板厚，则可以得到板侧模的工程量。

▲●■

实战训练

计算住宅楼首层板工程量与计价。

图纸　　　微课（一）　　微课（二）　　微课（三）　　　任务书　　　　评价

（用浏览器扫描，

下载图纸文件）

项目四 围护结构

知识目标

1. 熟悉砌体结构、门窗及过梁清单计算规则。
2. 熟悉砌体结构、门窗及过梁定额计算规则。

技能目标

能够掌握门窗、过梁、构造柱、砖柱、砖砌体、砌块砌体工作量计算方法。

素质目标

1. 培养学生在实践操作中的专注力。
2. 培养学生刻苦钻研的精神。
3. 培养学生精益求精的精神。

1+X证书考点

1. 门窗及过梁的计算。
2. 砌筑墙体工程的计算。

计算规范

清单计算规则　　　　　定额计算规则

项目四　围护结构

姓名：　　　　　　　　　　班级：　　　　　　　　　　日期：

砌体工程施工工艺如图 4-1 所示。

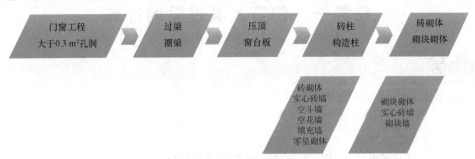

图 4-1　砌体工程施工工艺

工程量列项如图 4-2 所示。

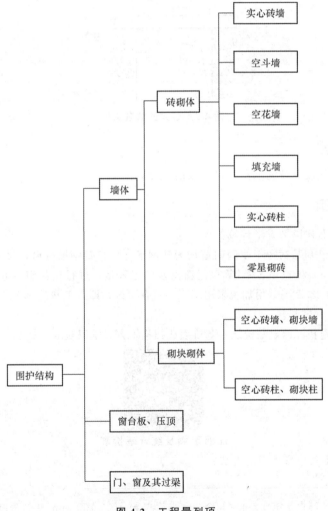

图 4-2　工程量列项

任务一　门窗及其过梁的计算

 教与学

知识准备

一、基本概念

（1）门窗：门是室内外交通联系、交通疏散的建筑设施（兼起通风采光的作用）；窗是通风、采光的建筑设施（观景眺望的作用）。

（2）过梁：过梁（GL）表示放在门、窗或预留洞口等洞口上的一根横梁（图4-3）。

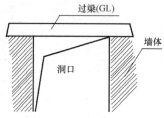

图4-3　过梁的放置位置

二、清单规则

按设计图示数量或设计图示洞口尺寸以面积计算。

三、定额规则

按门窗框外围面积以平方米计算。

【案例4-1】　已知某宿舍卫生间门窗均为塑钢平开门、塑钢推拉窗，尺寸分别为700 mm×2 100 mm、1 000 mm×600 mm。计算该门窗安装的工程量，进行定额组价并计算清单综合单价（管理费为人工费的23.29%，附加税采用工程项目在市区，即人工费的1.84%，利润为人工费的15.99%，不考虑人材机调差）。

定额基价表请查找江西定额及统一基价表或扫描下方二维码获取。

江西定额及统一基价表

引导问题1：常见门窗类型有哪些？

_____

引导问题2：案例中1 000 mm×600 mm与700 mm×2 100 mm哪个是门的尺寸？哪个是窗的尺寸？

_____

_____

引导问题 3：门窗工程的清单计算规则是什么？

_____

_____

引导问题 4：门窗工程的定额计算规则是什么？

_____

_____

_____

 小提示

（1）分类。

①按门窗材质和功用大致可分为木门窗、钢门窗、旋转门、防盗门、自动门、塑料门窗、旋转门、铁花门窗、塑钢门窗、不锈钢门窗、铝合金门窗、玻璃钢门窗。近年来，人民生活水平不断提高，门窗及其衍生产品的种类不断增多，档次逐步上升，如隔热断桥铝门窗、木铝复合门窗、铝木复合门窗、实木门窗、阳光房、玻璃幕墙、木质幕墙等。

②按开启方式可分为固定窗、上悬窗、中悬窗、下悬窗、立转窗、平开门窗、滑轮平开窗、滑轮窗、平开下悬门窗、推拉门窗、推拉平开窗、折叠门、地弹簧门、提升推拉门、推拉折叠门、内倒侧滑门。

③按性能可分为普通型门窗、隔声型门窗、保温型门窗。

④按应用部位可分为内门窗、外门窗。

（2）一般门的高度为 2 100～2 200 mm，门的宽度一般住宅入户门在 900 mm 以上，房间门在 800 mm 左右，卫生间、杂物间门等在 800 mm 以内。

▲●■

案例解答：

门窗清单工程量见表 4-1～表 4-3。

表 4-1　门窗清单工程量

序号	项目名称	单位	数量	备注
1	卫生间塑钢门清单量	樘	1	清单可按数量也可按面积计算
		m²	0.6	
	卫生间塑钢门定额量	m²	0.6	
2	卫生间塑钢窗清单量	樘	1	清单可按数量也可按面积计算
		m²	1.47	
	卫生间塑钢窗定额量	m²	1.47	

门＝1×0.7×2.1＝1.47（m²）

窗＝1×0.6×1＝0.6（m²）

表 4-2 塑钢门分部分项和措施项目清单综合单价计算表

序号	定额编号	项目名称	单位	单价	
				定额单价	其中:人工单价
一	8─10	塑钢成品平开门安装	元/ (100 m²)	25 415.32	2 385.02
二	小计			25 415.32	2 385.02
三	企业管理费	人工费×(10.05%+0.83%)	元	259.49	
四	利润	人工费×7.41%	元	176.73	
五	定额工程量		m²	1.47	
六	总费用	五×(二+三+四)	元	38 001.76	
七	清单工程量		m²	1.47	
八	综合单价	六÷七/100	元/m²	258.52	

表 4-3 塑钢窗分部分项和措施项目清单综合单价计算表

序号	定额编号	项目名称	单位	单价	
				定额单价	其中:人工单价
一	8─73	塑钢成品推拉窗安装	元/ (100 m²)	23 013.59	1 427.71
二	小计			23 013.59	1 427.71
三	企业管理费	人工费×(10.05%+0.83%)	元	155.33	
四	利润	人工费×7.41%	元	105.79	
五	定额工程量		m²	0.60	
六	总费用	五×(二+三+四)	元	13 964.83	
七	清单工程量		m²	0.60	
八	综合单价	六÷七/100	元/m²	232.75	

小提示

（1）清单门窗工程量＝门窗个数；

（2）定额门窗工程量＝门窗面积。

▲●■

拓展问题 1： 工程计算式能否用毫米做单位？

_____

_____

_____

拓展问题 2： 施工图纸上的门窗表标注的数量是否一定准确？

_____

_____

_____

学与做

【案例 4-2】　某单层建筑物门窗如图 4-4 所示，内外墙厚均为 240 mm，门窗洞口上全部采用 240 mm 高钢筋混凝土过梁。门为成品套装门，窗为隔热断桥铝合金推拉窗。门窗尺寸分别是 M1：1 500 mm×2 700 mm；M2：1 000 mm×2 700 mm；C1：1 800 mm×1 800 mm；C2：1 500 mm×1 800 mm。计算该门窗安装及过梁的工程量，进行定额组价并计算清单综合单价（建筑管理费为人工费的 23.29%，附加税采用工程项目在市区，即人工费的 1.84%，建筑利润为人工费的 15.99%，不考虑人材机调差；装饰管理费为人工费的 10.05%，附加税采用工程项目在市区，即人工费的 0.83%，装饰利润为人工费的 7.41%，不考虑人材机调差）。

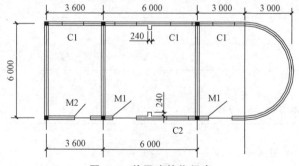

图 4-4　单层建筑物门窗

定额基价表请查找江西定额及统一基价表或扫描下方二维码获取。

江西定额及统一基价表

引导问题1：过梁的作用是什么？

_____

_____

_____

引导问题2：如果施工漏做过梁会造成什么后果？

_____

_____

_____

 小提示

(1) 过梁按设计图示尺寸以体积计算，不扣除构件内钢筋、预埋铁件所占体积。

(2) 一般过梁尺寸如图4-5所示。当紧贴门窗上部有框架梁等构件时不需再做过梁。

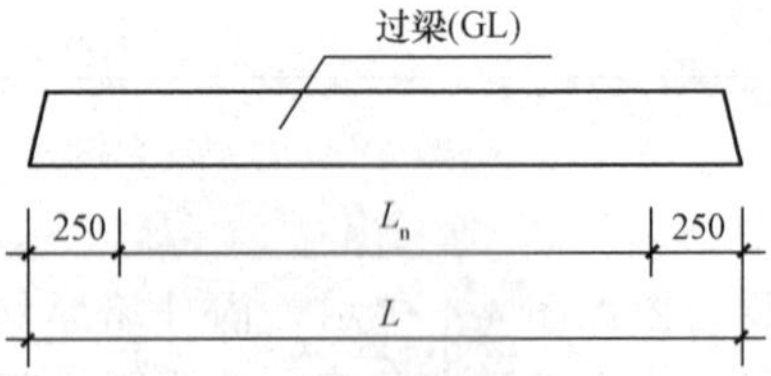

过梁(GL)

| 250 | L_n | 250 |

L

图4-5 过梁的图示说明

▲●■

案例解答：

_____

_____

_____

_____

案例解答

小提示

应按实际长度计算过梁长。

▲●■

拓展问题：当过梁遇到柱子挑出长度不够250 mm时，怎么办？

_____

_____

_____

_____

总结拓展

（1）一般的图纸因种种原因在数量上往往会有一定的误差，因此需预算员按实际进行核实。

（2）过梁实际高度和长度往往需要根据实际情况算至框架梁底或框架柱边。

（3）对于复杂图形，可借助三维算量软件模型解决计算的问题。

▲●■

实战训练

计算住宅楼门窗及其过梁工程量计算。

图纸　　　　　　微课　　　　　　任务书　　　　　　评价

（用浏览器扫描，
下载图纸文件）

任务二　墙体的计算

 教与学

知识准备

一、基本概念

墙体主要包括承重墙与非承重墙，主要起围护、分隔空间的作用。墙承重结构建筑的墙体，承重与围护合一，骨架结构体系建筑墙体的作用是围护与分隔空间。墙体要有足够的强度和稳定性，具有保温、隔热、隔声、防火、防水的能力。

二、清单规则

按设计图示尺寸以体积计算。

三、定额规则

按设计图示尺寸以体积计算。

【案例 4-3】　　如图 4-6 所示为一砖一眠一斗空斗围墙平面及剖面图。试计算该围墙工程量，对其进行定额组价并计算清单综合单价（管理费为人工费的 23.29％，附加税采用工程项目在市区，即人工费的 1.84％，利润为人工费的 15.99％，不考虑人材机调差）。

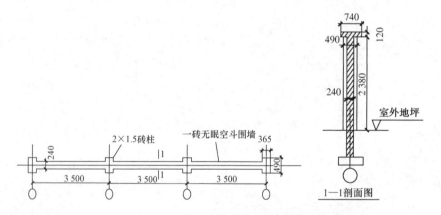

图 4-6　一砖一眠一斗空斗围墙平面及剖面图

定额基价表请查找江西定额及统一基价表或扫描下方二维码获取。

江西定额及统一基价表

引导问题 1：什么是空斗墙？

_____

_____

引导问题2：空斗墙的计算依据、计算规则是什么？

_____

_____

引导问题3：一砖一眠一斗空斗墙的施工工艺要点是什么？

_____

_____

引导问题4：基础与墙身如何区分？

_____

_____

 小提示

（1）基础与墙（柱）身使用同一种材料时，以设计室内地面为界（有地下室者，以地下室室内设计地面为界），以下为基础，以上为墙（柱）身。

（2）基础与墙身采用不同材料时，当材料分界线与室内设计地面高度 h 在±300 mm 以内者，以不同材料分界处为界；h 超过±300 mm 时以设计室内地面为界。

（3）砖石围墙以设计室外地坪为分界线，以下为基础，以上为墙身。

案例解答：

$V=(3.5-0.365)\times3\times2.38\times0.24+(3.5-0.365)\times3\times0.12\times0.74+0.49\times0.365\times2.38\times4+0.12\times0.49\times0.365\times4=8.00（m^3）$

空斗墙分部分项和措施项目清单综合单价计算见表4-4。

表4-4　空斗墙分部分项和措施项目清单综合单价计算表

序号	定额编号	项目名称	单位	单价	
				定额单价	其中：人工单价
一	4—23	一眠一斗空斗墙	元/（10 m³）	3 540.61	1 010.4
二	小计			3 540.61	1 010.4
三	企业管理费	人工费×（23.29％+1.84％）	元	253.91	
四	利润	人工费×15.99％	元	161.56	
五	定额工程量		m³	8.00	
六	总费用	五×（二+三+四）	元	31 648.64	
七	清单工程量		m³	8.00	
八	综合单价	六÷七/10	元/m³	395.61	

小提示

（1）空斗墙工程量＝墙身工程量＋砖压顶工程量＋围墙柱工程量；

（2）注意：凸出墙面的腰线、挑檐、压顶、窗台线、虎头砖、门窗套的体积也不增加，凸出墙面的砖垛并入墙体体积内计算；

（3）对于围墙高度算至压顶上表面（如有混凝土压顶时算至压顶下表面），围墙柱并入围墙体积。

▲●■

拓展问题 1： 是否所有压顶、砖柱都并入墙体工程量计算？

_____

_____

_____

拓展问题 2： 案例 4-3 计算式如何简化？

_____

_____

_____

_____

学与做

【案例 4-4】　空花墙如图 4-7 所示，已知厚度为 120 mm，用干混砌筑砂浆 M10 普通砖砌筑。试计算该空花墙工程量，对其进行定额组价并计算清单综合单价（管理费为人工费的 23.29％，附加税采用工程项目在市区，即人工费的 1.84％，利润为人工费的 15.99％，不考虑人材机调差）。

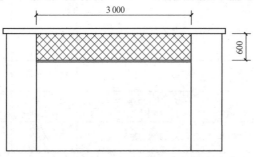

图 4-7　空花墙

定额基价表请查找江西定额及统一基价表或扫描下方二维码获取。

江西定额及统一基价表

引导问题1：墙体有哪些类型？

_____

_____

引导问题2：空花墙的空洞部分体积是否扣除？

_____

_____

 小提示

　　按设计图示尺寸以空花部分外形体积计算，不扣除空洞部分体积。空花墙示意如图 4-8 所示。

图 4-8　空花墙示意

▲●■

案例解答：

_____

_____

_____

_____

案例解答

 小提示

　　应按实际长度计算过梁长。

▲●■

拓展问题：空花墙、空斗墙、砌块墙的计算规则是否有区别？如果有，具体差别在哪里？

_____

_____

_____

 总结拓展

　　混凝土压顶应单独计算，详见混凝土计算规则。

▲●■

【案例 4-5】 某单层建筑物如图 4-9 所示，墙身为干混砌筑砂浆 M10 砌筑 MU7.5 标准烧结普通砖，内外墙厚均为 240 mm 混水砖墙，外墙瓷砖贴面，GZ 从基础圈梁到女儿墙墙顶，构造柱断面假设为 240 mm×240 mm 的正方形，门窗洞口上全部采用钢筋混凝土过梁。M1：1 500 mm×2 700 mm；M2：1 000 mm×2 700 mm；C1：1 800 mm×1 800 mm；C2：1 500 mm×1 800 mm. 试计算工程砖砌体工程量，对其进行定额组价并计算清单综合单价（管理费为人工费的 23.29%，附加税采用工程项目在市区，即人工费的 1.84%，利润为人工费的 15.99%，不考虑人材机调差）。

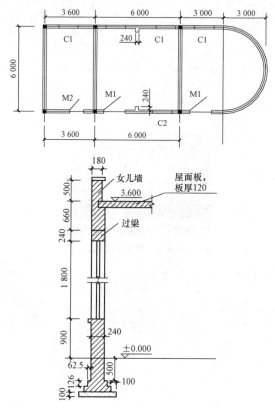

图 4-9 建筑物墙体

定额基价表请查找江西定额及统一基价表或扫描下方二维码获取。

引导问题 1：本案例中涉及哪些分部分项工程项目？

_____

_____

引导问题 2：本案例中 GZ（构造柱）数量为多少？

_____

_____

引导问题 3：弧形墙如何计算？

_____

_____

引导问题 4：墙垛如何计算？

_____

_____

_____

 小提示

（1）屋面。

①有屋架且室内外均有天棚者，算至屋架下弦另加 200 mm；无天棚者算至屋架下弦底加 300 mm，出檐宽度超过 600 mm 时，应按实砌高度计算。

②平屋面（图 4-10）应算至钢筋混凝土板底。

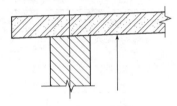

图 4-10 平屋面

（2）内墙墙身。

①位于屋架下弦者，其高度算至屋架底（图 4-11）。

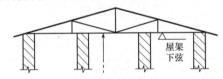

图 4-11 内墙（屋架下弦）

②无屋架者，算至天棚底另加 100 mm（图 4-12）。

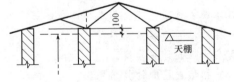

图 4-12 内墙（无屋架）

③有钢筋混凝土楼板隔层者，算至板底；清单规则算至板顶。

④框架结构的填充墙有框架梁时，应算至框架梁底面。

（3）内、外山墙墙身高度，按其平均高度计算（图 4-13）。

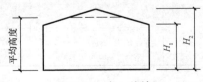

图 4-13 内、外墙

案例解答：

_____

_____

_____

_____

_____

_____

案例解答

小提示

（1）外墙高度应算至屋面板的板底。

（2）外墙中心线不是女儿墙中心线。

▲●■

拓展问题 1： 1 砖、2 砖、3/4 砖墙的厚度是多少？

_____

_____

_____

拓展问题 2： 墙体计算容易出错的地方有哪些？

_____

_____

_____

总结拓展

（1）易漏扣除门窗洞口体积、过梁体积、构造柱体积，易忘加上砖垛体积。

（2）一定要看清楚尺寸标注，否则容易算错。

（3）先算好三线一面有利于提高计算速度。

（4）一定要建立自信心，相信自己的计算结果。

（5）砖墙厚度规定：计算墙体工程量时，标准砖以 240 mm×115 mm×53 mm 为准，其砌体计算厚度见表 4-5。

表 4-5　标准砖砌体厚度

砖数（厚度）	1/4	1/2	3/4	1	1.5	2	2.5	3
计算厚度/mm	53	115	180	240	365	490	615	740

▲●■

实战训练

计算住宅楼砖墙工程量计算。

图纸
(用浏览器扫描，
下载图纸文件)

微课

任务书

评价

项目五　室外结构

知识目标

1. 熟悉室外结构清单计算规则。
2. 熟悉室外结构定额计算规则。

技能目标

能够熟练掌握散水（坡道）、台阶、阳台、雨篷、挑檐、飘窗、空调板及遮阳板、腰线工程量的计算方法。

素质目标

1. 培养学生团队合作精神和管理能力。
2. 培养学生对实训工作内容正确率的责任心。

1+X证书考点

1. 散水（坡道）工程量计算。
2. 台阶工程量计算。
3. 阳台、雨篷、挑檐、飘窗、空调板及遮阳板、腰线工程量计算。

计算规范

清单计算规则　　　定额计算规则

小故事大智慧

▲●■

项目五　室外结构

姓名：　　　　　　　　　　　班级：　　　　　　　　　　　日期：

室外结构工程量列项如图 5-1 所示。

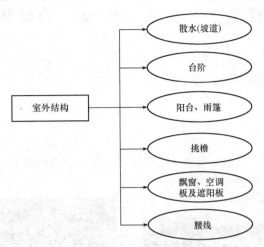

图 5-1　室外结构工程量列项

任务一　散水（坡道）的计算

 教与学

知识准备

一、基本概念

在实际工程中，散水（坡道）可分为混凝土散水和砖砌散水两种。这里的坡道指的是室外上台阶的小坡道，并非汽车坡道（图 5-2）。

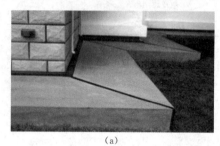
（a）

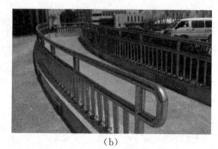
（b）

图 5-2　散水和坡道

（a）散水；（b）坡道

二、清单计算规则

散水、坡道的清单计算规则见表 5-1。

表 5-1　散水、坡道的清单计算规则

项目编码	项目名称	项目特征	计量单位	工程量计算规则	工作内容
010507001	散水、坡道	1. 垫层材料种类、厚度； 2. 面层厚度； 3. 混凝土种类； 4. 混凝土强度等级； 5. 变形缝填塞材料种类	m²	按设计图示尺寸以水平投影面积计算。不扣除单个≤0.3 m² 的孔洞所占面积	1. 地基夯实； 2. 铺设垫层； 3. 模板及支撑制作、安装、拆除、堆放、运输及清理模内杂物、刷隔离剂等； 4. 混凝土制作、运输、浇筑、振捣、养护； 5. 变形缝填塞

三、定额计算规则

（1）砖散水、地坪按设计图示尺寸以面积计算。

（2）石坡道按设计图示尺寸以水平投影面积计算。

（3）散水混凝土按厚度 60 mm 编制，如设计厚度不同时，可以换算；散水包括混凝土浇筑、表面压实抹光及嵌缝内容，未包括基础夯实、垫层内容。

（4）散水模板执行垫层相应项目。

（5）散水混凝土按设计图示尺寸，以水平投影面积计算。

【**案例 5-1**】　散水如图 5-3 所示，散水长度为 100 m，试计算混凝土散水工程量，进行定额组价并计算清单综合单价（管理费为人工费的 23.29％，附加税采用工程项目在市区，即人工费的 1.84％，利润为人工费的 15.99％，不考虑人材机调差）。

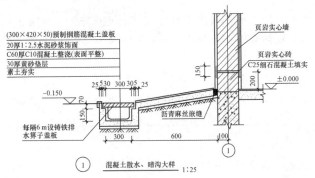

（300×420×50）预制钢筋混凝土盖板
20厚1:2.5水泥砂浆饰面
C60厚C10混凝土整浇（表面平整）
30厚黄砂垫层
素土夯实

页岩实心墙

页岩实心砖
C25细石混凝土填实

沥青麻丝嵌缝

每隔6 m设铸铁排水箅子盖板

① 混凝土散水、暗沟大样　　1:25

注：1. 散水纵向每隔6 m设伸缩缝一道；
　　2. 暗沟盖板每隔6 m设铸铁盖板，盖板做法详见赣04J701—13-B；
　　3. 预制钢筋混凝土盖板，盖板做法详见赣04J701—13-A。

图 5-3　散水

定额基价表请查找江西定额及统一基价表或扫描下方二维码获取。

江西定额及统一基价表

引导问题 1： 散水是指哪个部位的构件？

_____

_____

_____

引导问题 2： 在计算散水工程量过程中，要按照散水结构来分别计算工程量吗？

_____

_____

_____

引导问题 3： 混凝土散水需计算模板吗？

_____

_____

_____

引导问题 4： 走廊下面的首层地面需按散水考虑吗？

_____

_____

_____

小提示

（1）散水是在建筑周围铺的用以防止两水（雨水及生产、生活用水）渗入保护层。

（2）散水在定额中已经包含散水的底层和面层及模板等工作内容，因此，在计算时不需要按照散水结构来分别计算工作量。

（3）散水工程量 $V＝$ 长×宽。

（4）散水包含以下工作内容：混凝土水平运输；混凝土搅拌、捣固、养护。

▲●■

案例解答：

（1）散水混凝土清单工程量 $S＝100×0.6＝60$（m²）。

（2）散水混凝土定额工程量 $S＝100×0.6＝60$（m²）。

现浇混凝土散水分部分项和措施项目清单综合单价计算见表 5-2。

表 5-2　现浇混凝土散水分部分项和措施项目清单综合单价计算表

序号	定额编号	项目名称	单位	单价	
				定额单价	其中：人工单价
一	5—49	现浇混凝土 散水	元/（10 m²）	406.28	111.69
二	小计			406.28	111.69
三	企业管理费	人工费×（23.29%＋1.84%）	元	28.07	
四	利润	人工费×15.99%	元	17.86	
五	定额工程量		m²	60.00	
六	总费用	五×（二＋三＋四）	元	27 132.42	
七	清单工程量		m²	60.00	
八	综合单价	六÷七/10	元/m²	45.22	

 总结拓展

从散水的定义及作用来分析，走廊下面的首层地面不属于散水范畴，可按楼地面考虑。

▲●■

实战训练

完成住宅楼散水工程计量与计价。

图纸　　　　　　微课　　　　　　任务书　　　　　　评价

（用浏览器扫描，

下载图纸文件）

任务二　台阶的计算

◉ 教与学

知识准备

一、台阶分类

在实际工程中，常见的台阶可分为石台阶、砖台阶、混凝土台阶、木台阶四种（图5-4）。

(a)　　　　　　　　　　　　　　(b)

图5-4　台阶

(a) 石材台阶；(b) 块料台阶

二、清单计算规则

台阶清单计算规则见表5-3。

表5-3　台阶清单计算规则

项目编码	项目名称	项目特征	计量单位	工程量计算规则	工作内容
010507004	台阶	1. 踏步高、宽； 2. 混凝土种类； 3. 混凝土强度等级	1. m²； 2. m³	1. 以平方米计量，按设计图示尺寸水平投影面积计算； 2. 以立方米计量，按设计图示尺寸以体积计算	1. 模板及支撑制作、安装、拆除、堆放、运输及清理模内杂物、刷隔离剂等； 2. 混凝土制作、运输、浇筑、振捣、养护

三、定额计算规则

（1）零星砌体是指台阶、台阶挡墙、梯带、锅台、炉灶、蹲台、池槽、池槽腿、花台、花池、楼梯栏板、阳台栏板、地垄墙、≤0.3m² 的孔洞填塞、凸出屋面的烟囱、屋面伸缩缝砌体、隔热板砖墩等。

（2）石勒脚、石挡土墙、石护坡、石台阶按设计图示尺寸以体积计算。

（3）台阶混凝土含量是按1.22 m³/（10 m²）综合编制的，如设计含量不同时，可以换算；台阶包括混凝土浇筑及养护内容，未包括基础夯实、垫层及面层装饰内容，发生时执行其他章节相应项目。

（4）台阶混凝土按设计图示尺寸，以水平投影面积计算。台阶与平台连接时其投影面积应以最上层踏步外沿加300 mm计算。

（5）混凝土台阶不包括梯带，按图示台阶尺寸的水平投影面积计算，台阶端头两侧不另计算模板面积；架空式混凝土台阶按现浇楼梯计算；场馆看台按设计图示尺寸，以水平投影面积计算。

【案例 5-2】　台阶如图 5-5 所示，试计算台阶混凝土及模板工程量，进行定额组价并计算清单综合单价（管理费为人工费的 **23.29%**，附加税采用工程项目在市区，即人工费的 **1.84%**，利润为人工费的 **15.99%**，不考虑人材机调差）。

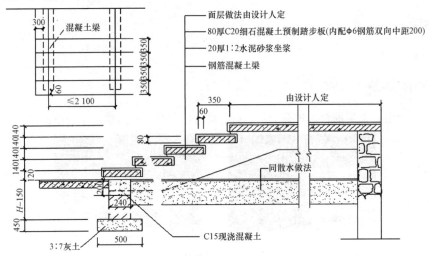

图 5-5　台阶相关尺寸及做法

定额基价表请查找江西定额及统一基价表或扫描下方二维码获取。

江西定额及统一基价表

引导问题 1：混凝土台阶需计算模板吗？

_____

_____

引导问题 2：在计算不同材质的台阶时，计算规则是一样的吗？

_____

_____

引导问题 3：在现实生活中，通常会出现一些台阶贴了花岗石、大理石等表面装饰材料，在计算台阶工程量时这些材料需要另外计算吗？

_____

_____

　小提示

（1）混凝土台阶在定额子目中并没有包含模板，因此，在计算其工程量时需要另外单独计算模板工程量。

（2）在计算不同材质的台阶时，通常是按投影面积计算（高级装修除外）。

案例解答：

（1）台阶混凝土清单工程量 $S=2.1\times1.4=2.94$（m^2）

（2）台阶混凝土定额工程量 $S=2.1\times1.4=2.94$（m^2）

（3）台阶模板清单工程量 $S=2.1\times1.4=2.94$（m^2）

（4）台阶模板定额工程量 $S=2.1\times1.4=2.94$（m^2）

台阶及台阶模板分部分项和措施项目清单综合单价计算见表5-4、表5-5。

表5-4　台阶分部分项和措施项目清单综合单价计算表

序号	定额编号	项目名称	单位	单价	
				定额单价	其中：人工单价
一	5—50	现浇混凝土 台阶	元/（10 m^2）	475.96	122.15
二	小计			475.96	122.15
三	企业管理费	人工费×（23.29%＋1.84%）	元	30.70	
四	利润	人工费×15.99%	元	19.53	
五	定额工程量		m^2	2.94	
六	总费用	五×（二＋三＋四）	元	1 546.99	
七	清单工程量		m^2	2.94	
八	综合单价	六÷七/10	元/m^2	52.62	

表5-5　台阶模板分部分项和措施项目清单综合单价计算表

序号	定额编号	项目名称	单位	单价	
				定额单价	其中：人工单价
一	5—318	台阶 复合模板木支撑	元/（100 m^2）	3 950.84	1 185.5
二	小计			3950.84	1 185.5
三	企业管理费	人工费×（23.29%＋1.84%）	元	297.92	
四	利润	人工费×15.99%	元	189.56	
五	定额工程量		m^2	2.94	
六	总费用	五×（二＋三＋四）	元	13 048.65	
七	清单工程量		m^2	2.94	
八	综合单价	六÷七/100	元/m^2	44.38	

小提示

（1）台阶工程量 $V=$ 长×宽。

（2）台阶包含以下工作内容：混凝土水平运输；混凝土搅拌、捣固、养护。

（3）台阶模板工程量同台阶工程量。

▲●■

总结拓展

　　这里台阶通常指的是普通做法，不包含一些表面装饰，花岗石、大理石等贴面属装饰工程内容，应按照装饰工程的计算规则计算其工程量。

▲●■

实战训练

完成住宅楼台阶工程计量与计价。

图纸

（用浏览器扫描，
下载图纸文件）

微课

任务书

评价

任务三 阳台、雨篷的计算

 教与学

知识准备

一、实际工程中的阳台和雨篷

阳台在建筑物室外构件中属于复合构件，可将其分为阳台挑梁、阳台封梁、阳台板、阳台栏板、阳台扶手、阳台扶手带栏杆、阳台隔墙、阳台窗、阳台出水口、阳台贴墙、阳台底板保温、阳台吊顶构件。常见的雨篷有钢筋混凝土雨篷和玻璃钢雨篷两种（图 5-6）。

（a） （b）

图 5-6　阳台和雨篷

（a）阳台；（b）雨篷

二、清单计算规则

阳台和雨篷清单计算规则见表 5-6。

表 5-6　阳台和雨篷清单计算规则

项目编码	项目名称	项目特征	计量单位	工程量计算规则	工作内容
010505008	雨篷、悬挑板、阳台板	1. 混凝土种类； 2. 混凝土强度等级	m³	按设计图示尺寸以墙外部分体积计算。包括伸出墙外的牛腿和雨篷反挑檐的体积	1. 模板及支架（撑）制作、安装、拆除、堆放、运输及清理模内杂物、刷隔离剂等； 2. 混凝土制作、运输、浇筑、振捣、养护

三、定额计算规则

（1）阳台不包括阳台栏板及压顶内容。

（2）现浇混凝土阳台板、雨篷板按三面悬挑形式编制，如一面为弧形栏板且半径≤9 m 时，执行圆弧形阳台板、雨篷板项目；如非三面悬挑形式的阳台、雨篷，则执行梁、板相应项目。

（3）凸阳台（凸出外墙外侧用悬挑梁悬挑的阳台）按阳台项目计算；凹进墙内的阳台按梁、板分别计算，阳台栏板、压顶分别按栏板、压顶项目计算。

（4）现浇混凝土悬挑板、雨篷、阳台模板按图示外挑部分尺寸的水平投影面积计算，挑出墙外的悬臂梁及板边不另外计算。

（5）雨篷梁、板工程量合并，按雨篷以体积计算，高度≤400 mm的栏板并入雨篷体积计算，栏板高度>400 mm时，其超过部分，按栏板计算。

【案例5-3】　阳台平面图如图5-7所示，阳台板厚为100 mm，阳台梁尺寸为200 mm×300 mm，试计算阳台混凝土及模板工程量，进行定额组价并计算清单综合单价（管理费为人工费的23.29%，附加税采用工程项目在市区，即人工费的1.84%，利润为人工费的15.99%，不考虑人材机调差）。

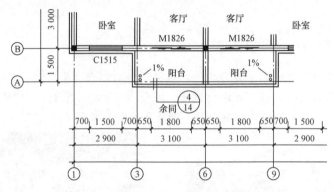

图5-7　阳台平面图

定额基价表请查找江西定额及统一基价表或扫描下方二维码获取。

江西定额及统一基价表

引导问题1：阳台梁要不要计算工程量？如何计算？阳台需计算模板吗？

_____

_____

引导问题2：阳台需计算建筑面积吗？不同类型的阳台如何计算建筑面积？

_____

_____

　小提示

（1）阳台梁包含在阳台定额子目中，不需要另外单独计算。

（2）阳台混凝土定额子目并未包含模板项目，因此，需另外计算模板工程量。

▲●■

案例解答：

（1）阳台混凝土定额工程量V＝V阳台梁＋V阳台板＝（1.4×3＋3.3×2）×0.2×0.5＋
　　　　　　1.4×3.0×0.1×2＝1.92（m³）

（2）阳台混凝土清单工程量V＝阳台混凝土定额工程量＝1.92 m³

（3）阳台模板定额工程量S＝1.6×3.3×2＝10.56（m²）

（4）阳台模板清单工程量S＝1.6×3.3×2＝10.56（m²）

现浇混凝土阳台及其模板分部分项和措施项目清单综合单价计算见表5-7、表5-8。

表 5-7　现浇混凝土阳台分部分项和措施项目清单综合单价计算表

序号	定额编号	项目名称	单位	单价	
				定额单价	其中：人工单价
一	5-44	现浇混凝土　阳台板	元/（10 m³）	3 878.52	944.61
二	小计			3 878.52	944.61
三	企业管理费	人工费×（23.29％＋1.84％）	元	237.38	
四	利润	人工费×15.99％	元	151.04	
五	定额工程量		m³	1.92	
六	总费用	五×（二＋三＋四）	元	8 192.53	
七	清单工程量		m³	1.92	
八	综合单价	六÷七/10	元/m³	426.69	

表 5-8　阳台模板分部分项和措施项目清单综合单价计算表

序号	定额编号	项目名称	单位	单价	
				定额单价	其中：人工单价
一	5-308	阳台板 直形 复合模板钢支撑	元/（100 m²）	7011.06	4 154.72
二	小计			7 011.06	4 154.72
三	企业管理费	人工费×（23.29％＋1.84％）	元	1 044.08	
四	利润	人工费×15.99％	元	664.34	
五	定额工程量		m²	10.56	
六	总费用	五×（二＋三＋四）	元	92 077.72	
七	清单工程量		m²	10.56	
八	综合单价	六÷七/100	元/m²	87.19	

小提示

（1）阳台工程量 $V＝$ 阳台梁体积＋阳台板体积。

（2）阳台包含以下工作内容：混凝土水平运输；混凝土搅拌、捣固、养护。

（3）凸阳台模板工程量 $S＝$ 外挑部分尺寸的水平投影面积；

凹阳台模板工程量 $S＝$ 模板与混凝土的接触面积。

▲●■

学与做

【案例 5-4】　雨篷剖面图如图 5-8 所示，雨篷宽度为 1 500 mm，试计算雨篷混凝土及模板工程量，进行定额组价并计算清单综合单价（管理费为人工费的 23.29％，附加税采用工程项目在市区，即人工费的 1.84％，利润为人工费的 15.99％，不考虑人材机调差）。

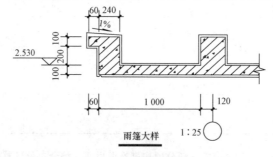

图 5-8　雨篷剖面图

定额基价表请查找江西定额及统一基价表或扫描下方二维码获取。

江西定额及统一基价表

引导问题 1：带翻边的雨篷如何计算工程量？

_____

_____

引导问题 2：雨篷需计算模板吗？如果需要请计算本例雨篷模板的工程量。

_____

_____

引导问题 3：雨篷、阳台需计算脚手架吗？

_____

_____

_____

小提示

(1) 带反梁的雨篷按有梁板定额子目计算；带反边的雨篷按展开面积并入雨篷计算。

(2) 阳台混凝土定额子目并未包含模板项目，因此，需另外计算模板工程量。

▲●■

案例解答：

案例解答

 小提示

(1) 雨篷工程量 $V=$ 长×宽，如有翻边时，应展开翻边。

(2) 雨篷包含以下工作内容：混凝土水平运输；混凝土搅拌、捣固、养护。

(3) 雨篷模板工程量为外挑部分水平投影面积。

▲●■

 总结拓展

　　挑出外墙面在 1.2 m 以上的阳台、雨篷，可按顺墙方向长度计算挑脚手架。本例中没有给出脚手架的工程量，请同学们根据计算规则思考该如何确定本案例的脚手架。

▲●■

实战训练

完成住宅楼阳台及雨篷工程计量与计价。

图纸
(用浏览器扫描，
下载图纸文件)

微课

任务书

评价

任务四　挑檐的计算

 教与学

知识准备

一、实际工程中的挑檐

挑檐往往会和天沟连接在一起，现浇挑檐天沟与板（包括屋面板、楼板）连接时，以外墙为分界线，与圈梁（包括其他梁）连接时，以梁外边线为分界线。外墙外边线或梁外边线以外为挑檐天沟。因此，在学习过程中应注意天沟挑檐的识图能力。

二、清单计算规则

挑檐清单计算规则见表 5-9。

表 5-9　挑檐清单计算规则

项目编码	项目名称	项目特征	计量单位	工程量计算规则	工作内容
010505007	天沟（檐沟）、挑檐板	1. 混凝土种类； 2. 混凝土强度等级	m³	按设计图示尺寸以体积计算	1. 模板及支架（撑）制作、安装、拆除、堆放、运输及清理模内杂物、刷隔离剂等； 2. 混凝土制作、运输、浇筑、振捣、养护

三、定额计算规则

（1）挑檐、天沟按设计图示尺寸以墙外部分体积计算。挑檐、天沟板与板（包括屋面板）连接时，以外墙外边线为分界线；与梁（包括圈梁等）连接时，以梁外边线为分界线；外墙外边线以外为挑檐、天沟。

（2）挑檐、天沟壁高度≤400 mm，执行挑檐项目；挑檐、天沟壁高度＞400 mm，按全高执行栏板项目；单体体积 0.1 m³ 以内，执行小型构件项目。

（3）屋面排水：镀锌薄钢板天沟、檐沟按设计图示尺寸，以长度计算。

【案例 5-5】　天沟挑檐如图 5-9 所示，天沟挑檐的长度为 100 m，试计算天沟混凝土及模板工程量，进行定额组价并计算清单综合单价（管理费为人工费的 23.29%，附加税采用工程项目在市区，即人工费的 1.84%，利润为人工费的 15.99%，不考虑人材机调差）。

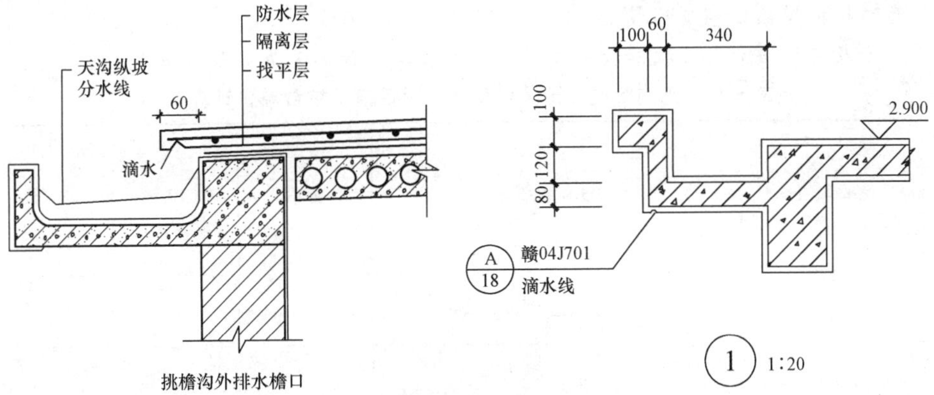

图 5-9　天沟挑檐

定额基价表请查找江西定额及统一基价表或扫描下方二维码获取。

江西定额及统一基价表

引导问题 1：天沟挑檐的计算单位是什么？

_____

_____

引导问题 2：天沟挑檐需计算模板吗？

_____

_____

_____

引导问题 3：挑檐的分界线在哪里？

_____

_____

_____

_____

 小提示

（1）天沟挑檐以体积为计算单位。

（2）天沟挑檐按接触面积计算模板工程量。

▲●■

案例解答：

（1）天沟挑檐混凝土清单工程量 $V=（0.34\times0.08+0.2\times0.06+0.16\times0.1）\times100=5.52$（m³）

（2）天沟挑檐混凝土定额工程量 $V=$ 天沟挑檐混凝土清单工程量 $=5.52$ m³

（3）天沟挑檐模板清单工程量 $S=100\times（0.1+0.1+0.2+0.4+0.22）=102.00$（m²）

（4）天沟挑檐模板定额工程量 $S=100\times(0.1+0.1+0.2+0.4+0.22)=102.00$（m²）

天沟挑檐及其模板分部分项和措施项目清单综合单价计算见表5-10、表5-11。

表 5-10 天沟挑檐分部分项和措施项目清单综合单价计算表

序号	定额编号	项目名称	单位	单价	
				定额单价	其中：人工单价
一	5－41	现浇混凝土 天沟、挑檐板	元/（10 m³）	3 845.86	1 005.3
二	小计			3 845.86	1 005.3
三	企业管理费	人工费×（23.29%＋1.84%）	元	252.63	
四	利润	人工费×15.99%	元	160.75	
五	定额工程量		m³	5.52	
六	总费用	五×（二＋三＋四）	元	23 511.00	
七	清单工程量		m³	5.52	
八	综合单价	六÷七/10	元/m³	425.92	

表 5-11 天沟挑檐模板分部分项和措施项目清单综合单价计算表

序号	定额编号	项目名称	单位	单价	
				定额单价	其中：人工单价
一	5－310	天沟挑檐 复合模板钢支撑	元/（100 m²）	4 723.6	2 717.62
二	小计			4723.60	2 717.62
三	企业管理费	人工费×（23.29%＋1.84%）	元	682.94	
四	利润	人工费×15.99%	元	434.55	
五	定额工程量		m²	102.00	
六	总费用	五×（二＋三＋四）	元	595 790.71	
七	清单工程量		m²	102.00	
八	综合单价	六÷七/100	元/m²	58.41	

小提示

（1）天沟挑檐工程量 V ＝长×截面面积。

（2）天沟挑檐工程包含以下工作内容：混凝土水平运输；混凝土搅拌、捣固、养护。

（3）模板工程为混凝土接触面积。

▲●■

总结拓展

现浇挑檐天沟与板（包括屋面板、楼板）连接时，以外墙为分界线，与圈梁（包括其他梁）连接时，以梁外边线为分界线。外墙外边线或梁外边线以外为挑檐天沟。

▲●■

实战训练

完成住宅楼天沟挑檐工程计量与计价。

图纸
（用浏览器扫描，
下载图纸文件）

任务书

评价

任务五　飘窗、空调板及遮阳板的计算

教与学

知识准备

一、实际工程中的飘窗、空调板及遮阳板

飘窗一般包括飘窗顶板、飘窗底板、飘窗、飘窗护栏等构件。空调板一般可分为空调板和空调板栏杆两项，装修往往伴随着保温一起出现。常见的遮阳板有混凝土遮阳板和玻璃钢遮阳板，混凝土遮阳板的装修也往往伴随着保温一起出现。

二、清单计算规则

飘窗、空调板及遮阳板清单计算规则见表5-6。

三、定额计算规则

(1) 现浇飘窗板、空调板执行悬挑板项目。

(2) 铝合金门窗（飘窗、阳台封闭窗除外）、塑钢门窗均按设计图示门、窗洞口面积计算。

(3) 飘窗、阳台封闭窗按设计图示框型材外边线尺寸以展开面积计算。

【案例5-6】 飘窗如图5-10所示，试计算飘窗（含上下飘窗板、塑钢成品推拉窗、不锈钢栏杆扶手）工程量，进行定额组价并计算清单综合单价（管理费为人工费的23.29%，附加税采用工程项目在市区，即人工费的1.84%，利润为人工费的15.99%，不考虑人材机调差）。

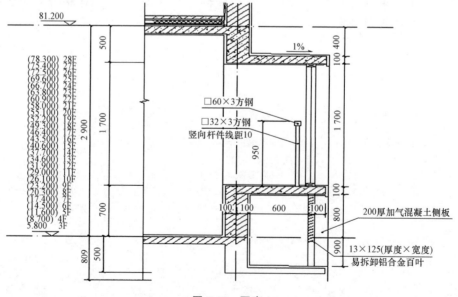

图 5-10　飘窗

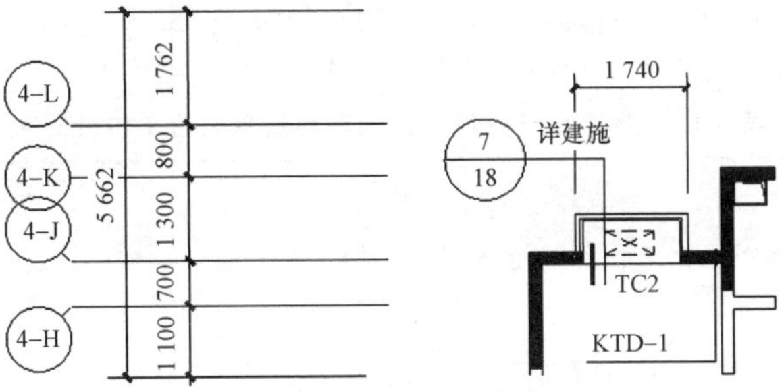

图 5-10　飘窗（续）

定额基价表请查找江西定额及统一基价表或扫描下方二维码获取。

江西定额及统一基价表

引导问题 1： 计算图示飘窗工程量（只计算一层）。

_____

_____

引导问题 2： 飘窗有哪几个部分组成？

_____

_____

引导问题 3： 飘窗需计算模板吗？如果需要，请结合图形计算该构件的模板工程量。

_____

_____

引导问题 4： 飘窗、空调板及遮阳板可以归类到定额里的混凝土小型构件中吗？

_____

_____

 小提示

（1）飘窗一般包括飘窗顶板、飘窗底板、飘窗、飘窗护栏等构件。

（2）天沟挑檐按接触面积计算模板工程量。

▲●■

案例解答：

（1）凸窗清单工程量 $N=1$ 樘

（2）凸窗现浇混凝土悬挑板定额工程量 $V=（0.6+0.1）×1.74×0.1×2=0.24$（m³）

（3）凸窗悬挑板模板定额工程量 $S=（0.6+0.1）×1.74×2=2.44$（m²）

（4）塑钢推拉窗定额工程量 $S=（1.74-0.1×2+0.6×2）×1.7=4.66$（m²）

（5）护窗不锈钢栏杆扶手 $L=(0.6\times2+1.74-0.2)=2.74$（m）

飘窗分部分项和措施项目清单综合单价计算见表5-12。

表5-12　飘窗分部分项和措施项目清单综合单价计算表

序号	定额编号	项目名称	单位	单价		数量	合价	
				定额	其中：人工		定额合价	其中：人工
一	5—43	现浇混凝土　悬挑板	元/(10 m³)	3 734.63	901.68	0.24	90.98	21.96
二	5—306	悬挑板　直形　复合模板钢支撑	元/(100 m²)	4 703.25	2 687.96	2.44	114.57	65.48
三	8—73	塑钢成品窗安装　推拉	元/100 m²	23 013.59	1 427.71	4.66	1 071.97	66.50
四	15—93	护窗　不锈钢栏杆　不锈钢扶手	元/(10 m)	1 773.06	395.23	2.74	485.82	108.29
五	小计			33 224.53	5 412.58		1 763.34	262.24
六	企业管理费	人工费×(23.29%+1.84%)	元				65.90	
七	利润	人工费×15.99%	元				41.93	
八	总费用	五+六+七	元				1 871.17	
九	清单工程量		m²			1	1.00	
十	综合单价	八÷九	元/樘				1 871.17	

小提示

（1）飘窗工程量 $N=$ 飘窗个数。

（2）飘窗包含以下工作内容：混凝土水平运输；混凝土搅拌、捣固、养护。

▲●■

总结拓展

　　小型混凝土构件是指每件体积在 0.05 m³ 以内的未列出定额项目的构件。因此，该部分的内容不能列入混凝土小型构件。

▲●■

⊕ 实战训练

完成住宅楼飘窗、空调板及遮阳板工程计量与计价。

图纸
（用浏览器扫描，
下载图纸文件）

微课

任务书

评价

任务六　腰线的计算

🌐 教与学

知识准备

一、实际工程中的腰线

腰线一般为凸出墙面的混凝土腰线，装修往往伴随着保温一起出现。

二、清单计算规则

腰线清单计算规则见表 3-7。

三、定额计算规则

（1）凸出混凝土柱、梁的线条，并入相应柱、梁构件；凸出混凝土外墙面、阳台梁、栏板外侧 ≤300 mm 的装饰线条，执行扶手、压顶项目；凸出混凝土外墙、梁外侧 >300 mm 的板，按伸出外墙的梁、板体积合并计算，执行悬挑板项目。

（2）装饰线条（顶角装饰线除外）按直线形在墙面安装考虑。墙面安装圆弧形装饰线条，天棚面安装直线形、圆弧形装饰线条，按相应项目乘以系数执行：

1）墙面安装圆弧形装饰线条，人工乘以系数 1.2，材料乘以系数 1.1；

2）天棚面安装直线形装饰线条，人工乘以系数 1.34；

3）天棚面安装圆弧形装饰线条，人工乘以系数 1.6，材料乘以系数 1.1；

4）装饰线条直接安装在金属龙骨上，人工乘以系数 1.68。

（3）压条、装饰线条按线条中心线长度计算。

【案例 5-7】　腰线如图 5-11 所示，腰线长度为 100 m，试计算腰线混凝土及模板工程量，进行定额组价并计算清单综合单价（管理费为人工费的 23.29%，附加税采用工程项目在市区，即人工费的 1.84%，利润为人工费的 15.99%，不考虑人材机调差）。

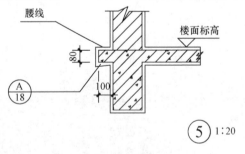

图 5-11　腰线

定额基价表请查找江西定额及统一基价表或扫描下方二维码获取。

江西定额及统一基价表

引导问题 1：腰线属于装饰工程吗？

_____

_____

引导问题 2：腰线需计算模板吗？如果需要，请结合图形计算该构件的模板工程量。

_____

_____

 小提示

（1）腰线一般是现浇混凝土的，因此可把其归类到土建工程。

（2）腰线按接触面积计算模板工程量。

▲●■

案例解答：

凸出混凝土柱、梁的线条，并入相应柱、梁构件计算，所以该腰线套用矩形梁定额子目。

（1）腰线混凝土清单工程量 $V=0.1\times0.08\times100=0.8$ （m^3）

（2）腰线混凝土定额工程量 $V=$ 清单工程量 $=0.8\ m^3$

（3）腰线模板清单工程量 $S=$ （$0.1+0.08$）$\times100=18$ （m^2）

（4）腰线模板土定额工程量 $S=$ 清单工程量 $=18\ m^2$

框架梁及其模板分部分项和措施项目清单综合单价计算见表 5-13、表 5-14。

表 5-13　框架梁分部分项和措施项目清单综合单价计算表

序号	定额编号	项目名称	单位	单价	
				定额单价	其中：人工单价
一	5-17	现浇矩形梁	元/（10 m^3）	3 093.59	256.45
二	小计			3 093.59	256.45
三	企业管理费	人工费×（23.29%+1.84%）	元	64.45	
四	利润	人工费×15.99%	元	41.01	
五	定额工程量		m^3	0.8	
六	总费用	五×（二+三+四）	元	2 559.24	
七	清单工程量		m^3	0.8	
八	综合单价	六÷七/10	元/m^3	31.99	

表 5-14　框架梁模板分部分项和措施项目清单综合单价计算表

序号	定额编号	项目名称	单位	单价	
				定额单价	其中：人工单价
一	5—265	矩形梁复合模板	元/（100 m²）	3 357.9	1 550.83
二	5—275	梁支撑高度超过 3.6 m，每增加 1 m 钢支撑	元/（100 m²）	320.25	244.21
三	5—287	梁面螺栓堵眼	（元/100 m²）	125.03	113.05
四	小计			3 803.18	1 908.09
五	企业管理费	人工费×（23.29%＋1.84%）	元	479.5	
六	利润	人工费×15.99%	元	305.1	
七	定额工程量		m²	18	
八	总费用	七×（四＋五＋六）	元	82 580.04	
九	清单工程量		m²	18	
十	综合单价	八÷九/100	元/m²	45.88	

小提示

（1）腰线工程量 V＝腰线长度×腰线截面面积。

（2）腰线包含以下工作内容：混凝土水平运输；混凝土搅拌、捣固、养护。

▲●■

总结拓展

　　腰线一般会在图纸的大样图及立面图中体现出来，因此，在识图的时候要注意这部分的内容。

▲●■

实战训练

　　完成住宅楼腰线工程计量与计价。

图纸

（用浏览器扫描，
下载图纸文件）

任务书

评价

项目六　装修工程

知识目标

1. 熟悉装修工程清单计算规则。
2. 熟悉装修工程定额计算规则。

技能目标

能够掌握楼地面找平、楼地面面层、踢脚线、楼梯与台阶面层、墙面、柱面、隔断与玻璃幕墙、天棚抹灰、天棚吊顶、门窗、油漆、涂料与裱糊、零星工程、超高增加费、成品保护工程、装饰脚手架工程、垂直运输费工作量计算方法。

素质目标

1. 培养学生独立思考能力。
2. 培养学生创新精神和创新能力。
3. 培养学生团队合作精神和管理能力。

1+X证书考点

1. 楼地面工程。
2. 墙柱面工程。
3. 天棚工程。
4. 涂料与裱糊工程。
5. 其他装饰工程。

计算规范

清单计算规则　　　定额计算规则

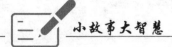

装修工程施工流程如图 6-1 所示。

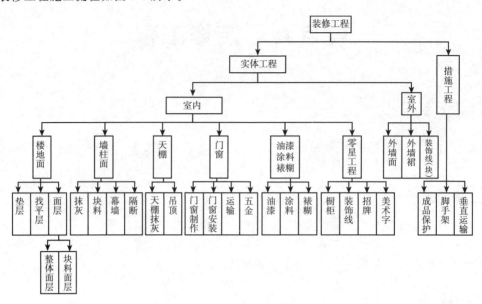

图 6-1　装修工程施工流程

室内装修工程工程量列项如图 6-2 所示。

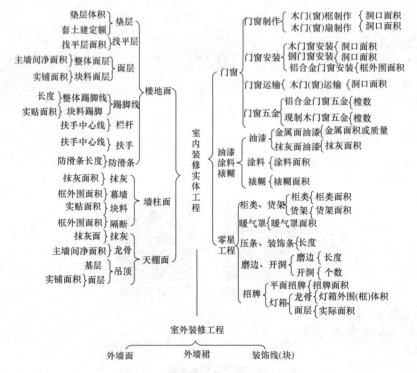

图 6-2　室内装修工程工程量列项

任务一　楼地面找平的计算

◈ 教与学

知识准备

一、找平层

找平层如图 6-3 所示。

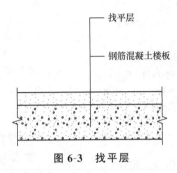

图 6-3　找平层

二、清单计算规则

找平层清单计算规则见表 6-1。

表 6-1　找平层清单计算规则

项目编码	项目名称	项目特征	计量单位	工程量计算规则	工作内容
011101001	水泥砂浆楼地面	1. 找平层厚度、砂浆配合比； 2. 素水泥浆遍数； 3. 面层厚度、砂浆配合比； 4. 面层做法要求	m²	按设计图示尺寸以面积计算。扣除凸出地面构筑物、设备基础、室内管道、地沟等所占面积，不扣除间壁墙及≤0.3 m²柱、垛、附墙烟囱及孔洞所占面积。门洞、空圈、暖气包槽、壁龛的开口部分不增加面积	1. 基层清理； 2. 抹找平层； 3. 抹面层； 4. 材料运输
011101002	现浇水磨石楼地面	1. 找平层厚度、砂浆配合比； 2. 面层厚度、水泥石子浆配合比； 3. 嵌条材料种类、规格； 4. 石子种类、规格、颜色； 5. 颜料种类、颜色； 6. 图案要求； 7. 磨光、酸洗、打蜡要求			1. 基层清理； 2. 抹找平层； 3. 面层铺设； 4. 嵌缝条安装； 5. 磨光、酸洗打蜡； 6. 材料运输
011101003	细石混凝土楼地面	1. 找平层厚度、砂浆配合比； 2. 面层厚度、混凝土强度等级			1. 基层清理； 2. 抹找平层； 3. 面层铺设； 4. 材料运输

续表

项目编码	项目名称	项目特征	计量单位	工程量计算规则	工作内容
011101004	菱苦土楼地面	1. 找平层厚度、砂浆配合比； 2. 面层厚度； 3. 打蜡要求	m²	按设计图示尺寸以面积计算。扣除凸出地面构筑物、设备基础、室内管道、地沟等所占面积，不扣除间壁墙及≤0.3 m²柱、垛、附墙烟囱及孔洞所占面积。门洞、空圈、暖气包槽、壁龛的开口部分不增加面积	1. 基层清理； 2. 抹找平层； 3. 面层铺设； 4. 打蜡； 5. 材料运输
011101005	自流坪楼地面	1. 找平层砂浆配合比、厚度； 2. 界面剂材料种类； 3. 中层漆材料种类、厚度； 4. 面漆材料种类、厚度； 5. 面层材料种类			1. 基层处理； 2. 抹找平层； 3. 涂界面剂； 4. 涂刷中层漆； 5. 打磨、吸尘； 6. 镘自流平面漆（浆）； 7. 拌合自流平浆料； 8. 铺面层
011101006	平面砂浆找平层	找平层厚度、砂浆配合比		按设计图示尺寸以面积计算	1. 基层处理； 2. 抹找平层； 3. 材料运输

注：①水泥砂浆面层处理是拉毛还是提浆压光应在面层做法要求中描述。

②平面砂浆找平层只适用仅做找平层的平面抹灰。

③间壁墙指墙厚≤120 mm的墙。

三、定额计算规则

楼地面找平层及整体面层按设计图示尺寸以面积计算。扣除凸出地面构筑物、设备基础、室内管道、地沟等所占面积，不扣除间壁墙及单个面积≤0.3 m²柱、垛、附墙烟囱及孔洞所占面积。门洞、空圈、暖气包槽、壁龛的开口部分不增加面积。

【案例 6-1】 某建筑物平面图如图 6-4 所示，建筑墙厚均为 240 mm，轴线均居中。根据设计要求做 20 mm 厚干混地面砂浆 M20 找平。试计算该找平工程量并对其进行定额组价和清单组价（管理费为人工费的 10.05%，附加税采用工程项目在市区，即人工费的 0.83%，利润为人工费的 7.41%，不考虑人材机调差）。

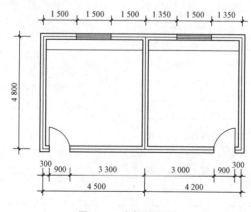

图 6-4 建筑平面图

定额基价表请查找江西定额及统一基价表或扫描下方二维码获取。

江西定额及统一基价表

引导问题 1： 为什么做楼地面之前需对垫层或楼板找平后才能做面层？

_____

_____

_____

引导问题 2： 主墙间净面积是指什么？

_____

_____

_____

引导问题 3： 找平层的计算依据、计算规则是什么？

_____

_____

_____

引导问题 4： 准确计算的基础知识有哪些？

_____

_____

_____

 小提示

（1）找平层的作用是改善基层的平整性，保证面层施工质量的。找平常见的有水泥砂浆找平和细石混凝土找平。

（2）一般来说，在混凝土等硬基层上找平比在填充材料上找平要更容易一些，因此，前者的人材机定额消耗量比后者更少一些，定额基价也更小。

（3）清单计价时，找平作为一个构造层次依附在楼地面上；定额计价时，找平层按主墙间净面积计算，找平厚度不同可以换算。

▲●■

案例解答：

（1）主墙间净面积：

$S_净 = (4.5 - 0.24) \times (4.8 - 0.24) + (4.8 - 0.24) \times (4.2 - 0.24) = 37.48$（m²）

（2）电缆沟所占面积：

$S_沟 = (4.5 - 0.24 + 4.2 - 0.24) \times 0.45 = 3.70$（m²）

水泥砂浆找平工程量：

$S_{找} = S_{净} - S_{沟} = 37.48 - 3.70 = 33.78$（m²）

找平层分部分项和措施项目清单综合单价计算见表 6-2。

表 6-2 找平层分部分项和措施项目清单综合单价计算表

序号	定额编号	项目名称	单位	单价	
				定额单价	其中：人工单价
一	11—1	平面砂浆找平层	元/（100 m²）	1 562.64	685.44
二	小计			1 562.64	685.44
三	企业管理费	人工费×（10.05%+0.83%）	元	74.58	
四	利润	人工费×7.41%	元	50.79	
五	定额工程量		m²	33.78	
六	总费用	五×（二+三+四）	元	57 020.88	
七	清单工程量		m²	33.78	
八	综合单价	六÷七/100	元/m²	16.88	

小提示

（1）对于矩形底面面积，其找平层工程量可按净长乘以净宽计算，即 $S_{净}$ =（4.5－0.24）×（4.8－0.24）+（4.8－0.24）×（4.2－0.24）=37.48（m²）计算工程量比较简单。

（2）应扣除凸出地面构筑物、设备基础、室内管道、地沟等所占面积，不扣除间壁墙及单个面积≤0.3 m² 柱、垛、附墙烟囱及孔洞所占面积。门洞、空圈、暖气包槽、壁龛的开口部分不增加面积。

（3）注意门洞口开口部分不增加。

▲●■

拓展问题 1： 在聚苯乙烯泡沫保温层上找平与钢筋混凝土楼板上找平一样吗？

_____

_____

_____

_____

拓展问题 2： 常见的找平材料有哪些？

_____

_____

_____

拓展问题 3： 找平层厚度不同，能否换算？怎么换算？

_____

_____

_____

⚙ 学与做

【案例 6-2】 某单层建筑物外墙轴线尺寸如图 6-5 所示，墙厚均为 240 mm，轴线居中。根据设计要求做 45 mm 厚 C20 细石混凝土找平。试计算该找平工程量并对其进行定额组价和清单组价（管理费为人工费的 10.05%，附加税采用工程项目在市区，即人工费的 0.83%，利润为人工费的 7.41%，不考虑人材机调差）。

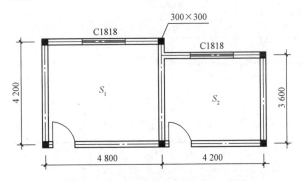

图 6-5 某单层建筑物外墙轴线尺寸

定额基价表请查找江西定额及统一基价表或扫描下方二维码获取。

江西定额及统一基价表

引导问题 1： 细石混凝土找平的工程量与水泥砂浆找平的工程量有没有区别？

_____

_____

引导问题 2： 柱垛所占面积要不要扣除？

_____

_____

小提示

(1) 找平层是按主墙间净面积计算的，与找平层材料类型无关。

(2) 找平层面积计算时涉及要扣除的量与不扣除的量要记清楚，也要知道主墙间净面积不需加门洞开口部分所占面积。

(3) 找平层是按主墙间净面积计算的，其工程量与其厚度无关。

(4) 混凝土找平按面积计算，垫层按体积计算，两者量纲也不同。

▲●■

案例解答：

_____

_____

_____

_____

_____

_____

_____

案例解答

小提示

找平层是按主墙间净面积计算的，这与整体面层的计算方法相同。

▲●■

拓展问题 1：细石混凝土厚度跟找平层的工程量计算有无影响？

_____

_____

_____

拓展问题 2：混凝土找平与混凝土垫层工程量计算有什么区别？

_____

_____

【**案例 6-3**】　某学校教室的建筑平面图如图 6-6 所示，轴线居中，墙厚均为 240 mm。根据设计要求做 20 mm 厚干混地面砂浆 M20 找平。试计算该找平工程量并对其进行定额组价和清单组价（管理费为人工费的 10.05%，附加税采用工程项目在市区，即人工费的 0.83%，利润为人工费的 7.41%，不考虑人材机调差）。

定额基价表请查找江西定额及统一基价表或扫描下方二维码获取。

江西定额及统一基价表

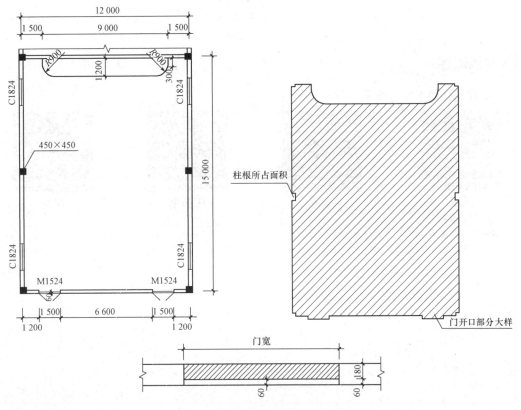

图 6-6　某学校教室的建筑平面图

案例解答：

案例解答

总结拓展

（1）在清单中，找平层为楼地面中的一个依附子项，不单独列项；在定额中，找平层作为一个单列项计算。

（2）找平层计算与整体楼地面类似，不扣减柱墙垛。

▲●■

 实战训练

计算住宅楼找平层工程量。

图纸　　　　　　　　微课　　　　　　　　任务书　　　　　　　　评价

（用浏览器扫描，
下载图纸文件）

任务二　楼地面面层的计算

教与学

知识准备

一、清单计算规则

（1）楼地面抹灰清单计算规则见表 6-1。

（2）楼地面镶贴清单计算规则见表 6-3。

表 6-3　楼地面镶贴清单计算规则

项目编码	项目名称	项目特征	计量单位	工程量计算规则	工作内容
011102001	石材楼地面	1. 找平层厚度、砂浆配合比； 2. 结合层厚度、砂浆配合比； 3. 面层材料品种、规格、颜色； 4. 嵌缝材料种类； 5. 防护层材料种类； 6. 酸洗、打蜡要求	m²	按设计图示尺寸以面积计算。门洞、空圈、暖气包槽、壁龛的开口部分并入相应的工程量内	1. 基层清理； 2. 抹找平层； 3. 面层铺设、磨边； 4. 嵌缝； 5. 刷防护材料； 6. 酸洗、打蜡； 7. 材料运输
011102002	碎石材楼地面				
011102003	块料楼地面				

注：①在描述碎石材项目的面层材料特征时可不用描述规格、品牌、颜色。

②石材、块料与粘结材料的结合面刷防渗材料的种类在防护层材料种类中描述。

③本表工作内容中的磨边指施工现场磨边，后面章节工作内容中涉及的磨边含义同此条。

（3）橡塑面层清单计算规则见表6-4。

表6-4 橡塑面层清单计算规则

项目编码	项目名称	项目特征	计量单位	工程量计算规则	工作内容
011103001	橡胶板楼地面	1. 粘结层厚度、材料种类； 2. 面层材料品种、规格、颜色； 3. 压线条种类	m²	按设计图示尺寸以面积计算。门洞、空圈、暖气包槽、壁龛的开口部分并入相应的工程量	1. 基层清理； 2. 面层铺贴； 3. 压缝条装钉； 4. 材料运输
011103002	橡胶板卷材楼地面				
011103003	塑料板楼地面				
011103004	塑料卷材楼地面				

（4）其他材料面层清单计算规则见表6-5。

表6-5 其他材料面层清单计算规则

项目编码	项目名称	项目特征	计量单位	工程量计算规则	工作内容
011104001	地毯楼地面	1. 面层材料品种、规格、颜色； 2. 防护材料种类； 3. 粘结材料种类； 4. 压线条种类	m²	按设计图示尺寸以面积计算。门洞、空圈、暖气包槽、壁龛的开口部分并入相应的工程量	1. 基层清理； 2. 铺贴面层； 3. 刷防护材料； 4. 装钉压条； 5. 材料运输
011104002	竹、木（复合）地板	1. 龙骨材料种类、规格、铺设间距； 2. 基层材料种类、规格； 3. 面层材料品种、规格、颜色； 4. 防护材料种类			1. 基层清理； 2. 龙骨铺设； 3. 基层铺设； 4. 面层铺贴； 5. 刷防护材料； 6. 材料运输
011104003	金属复合地板				
011104004	防静电活动地板	1. 支架高度、材料种类； 2. 面层材料品种、规格、颜色； 3. 防护材料种类			1. 基层清理； 2. 固定支架安装； 3. 活动面层安装； 4. 刷防护材料； 5. 材料运输

二、定额计算规则

楼地面找平层及整体面层按设计图示尺寸以面积计算。扣除凸出地面构筑物、设备基础、室内管道、地沟等所占面积，不扣除间壁墙及单个面积≤0.3 m² 柱、垛、附墙烟囱及孔洞所占面积。门洞、空圈、暖气包槽、壁龛的开口部分不增加面积。

块料面层、橡塑面层及其他材料面层按设计图示尺寸以面积计算。门洞、空圈、暖气包槽、壁龛的开口部分并入相应的工程量。

【案例 6-4】 某建筑平面图如图 6-4 所示，建筑墙厚均为 240 mm，轴线均居中。根据设计要求做 20 mm 厚干混地面砂浆 M20 地面面层。试计算该地面面层工程量并对其进行定额组价和清单组价（管理费为人工费的 10.05%，附加税采用工程项目在市区，即人工费的 0.83%，利润为人工费的 7.41%，不考虑人材机调差）。

定额基价表请查找江西定额及统一基价表或扫描下方二维码获取。

江西定额及统一基价表

引导问题 1：楼地面面层起什么作用？楼地面面层有哪几种类型？本案例是哪一种类型？

_____

_____

_____

引导问题 2：楼地面面层的计算依据是什么？计算规则是什么？

_____

_____

_____

引导问题 3：整体地面面层与找平层计算有无区别？

_____

_____

_____

_____

 小提示

（1）楼地面的作用是楼地面装饰不仅可以保护楼板、地坪不受损坏，满足强度、耐磨性、抗磕碰等基本要求，而且满足平整、光滑、便于清扫等要求。

（2）整体面层与找平层一样，都是按主墙间净面积计算。

案例解答：

（1）主墙间净面积：

$S_净 = (4.5-0.24) \times (4.8-0.24) + (4.8-0.24) \times (4.2-0.24)$

$= 37.48$（m^2）

（2）电缆沟所占面积：

$S_沟 = (4.5-0.24 + 4.2-0.24) \times 0.45 = 3.70$（$m^2$）

面层工程量：

$S_面 = S_净 - S_沟 = 37.48-3.70 = 33.78$（$m^2$）

楼地面分部分项和措施项目清单综合单价计算见表6-6。

表6-6　楼地面分部分项和措施项目清单综合单价计算表

序号	定额编号	项目名称	单位	单价	
				定额单价	其中：人工单价
一	11-6	水泥砂浆楼地面	元/（100 m^2）	1 800.34	912.67
二	小计			1 800.34	912.67
三	企业管理费	人工费×（10.05%+0.83%）	元	99.30	
四	利润	人工费×7.41%	元	67.63	
五	定额工程量		m^2	33.78	
六	总费用	五×（二+三+四）	元	66 454.29	
七	清单工程量		m^2	33.78	
八	综合单价	六÷七/100	元/m^2	19.67	

 小提示

（1）楼地面可分为整体面层与块料面层两种。

（2）整体面层按主墙间净面积计算，其面层工程量与厚度无关，按定额规则厚度不同可以换算。

▲●■

拓展问题1： 常见的楼地面面层类型有哪些？

_____

_____

_____

拓展问题 2：楼地面面层厚度不同，能否换算，怎么换算？

_____

_____

_____

_____

 学与做

【案例 6-5】 某单层建筑物外墙轴线尺寸如图 6-5 所示，墙厚均为 240 mm，轴线居中，根据设计要求做 15 mm 厚现浇水磨石地面面层（带玻璃嵌条 3 厚）。试计算该地面面层工程量并对其进行定额组价和清单组价（管理费为人工费的 10.05％，附加税采用工程项目在市区，即人工费的 0.83％，利润为人工费的 7.41％，不考虑人材机调差）。

定额基价表请查找江西定额及统一基价表或扫描下方二维码获取。

江西定额及统一基价表

引导问题 1：水泥砂浆面层的工程量与现浇水磨石面层的工程量是否有区别？如有，区别是什么？

_____

_____

_____

引导问题 2：现浇水磨石与预制水磨石的工程量计算是否有区别？如有，区别是什么？

_____

_____

小提示

（1）水泥砂浆面层与现浇水磨石同属整体面层，两者均按主墙间净面积计算。

（2）预制水磨石属块料面层，其工程量按实铺面积计算。

▲●■

案例解答：

_____

_____

_____

案例解答

小提示

（1）细石混凝土面层是按主墙间净面积计算的，其工程量与其厚度无关，但其定额基价与厚度有关，套定额时可根据厚度按比例换算。

（2）现浇水磨石为整体面层，按整体面层的计算规则，其工程量不扣除柱垛所占的面积。

▲●■

拓展问题 1：细石混凝土厚度与面层的工程量计算有何影响？

_____

_____

拓展问题 2：柱垛所占面积是否扣除？

_____

_____

【案例 6-6**】**　某学校教室的建筑平面图如图 6-6 所示，墙厚均为 240 mm，轴线居中，根据设计要求做 300 mm×300 mm 陶瓷地面砖面层。试计算该地面面层工程量并对其进行定额组价和清单组价（管理费为人工费的 10.05%，附加税采用工程项目在市区，即人工费的 0.83%，利润为人工费的 7.41%，不考虑人材机调差）。

定额基价表请查找江西定额及统一基价表或扫描下方二维码获取。

江西定额及统一基价表

案例解答：

_____

_____

_____

案例解答

实战训练

计算住宅楼地面工程量。

图纸　　　　　　　　微课　　　　　　　　任务书　　　　　　　　评价

（用浏览器扫描，

下载图纸文件）

任务三　踢脚线的计算

 教与学

一、清单计算规则

踢脚线的清单计算规则见表 6-7。

表 6-7　踢脚线的清单计算规则

项目编码	项目名称	项目特征	计量单位	工程量计算规则	工作内容
011105001	水泥砂浆踢脚线	1. 踢脚线高度； 2. 底层厚度、砂浆配合比； 3. 面层厚度、砂浆配合比	1. m² 2. m	1. 以平方米计量，按设计图示长度乘以高度以面积计算； 2. 以米计量，按延长米计算	1. 基层清理； 2. 底层和面层抹灰； 3. 材料运输
011105002	石材踢脚线	1. 踢脚线高度； 2. 粘贴层厚度、材料种类； 3. 面层材料品种、规格、颜色； 4. 防护材料种类			1. 基层清理； 2. 底层抹灰； 3. 面层铺贴、磨边； 4. 擦缝； 5. 磨光、酸洗、打蜡； 6. 刷防护材料； 7. 材料运输
011105003	块料踢脚线				
011105004	塑料板踢脚线	1. 踢脚线高度； 2. 粘结层厚度、材料种类； 3. 面层材料种类、规格、颜色			1. 基层清理； 2. 基层铺贴； 3. 面层铺贴； 4. 材料运输
011105005	木质踢脚线	1. 踢脚线高度； 2. 基层材料种类、规格； 3. 面层材料品种、规格、颜色			
011105006	金属踢脚线				
011105007	防静电踢脚线				

注：石材、块料与粘结材料的结合面刷防渗材料的种类在防护层材料种类中描述。

二、定额计算规则

踢脚线按设计图示长度乘以高度以面积计算。楼梯靠墙踢脚线（含锯齿形部分）贴块料按设计图示面积计算。

【案例 6-7】　建筑平面图如图 6-4 所示，建筑墙厚均为 240 mm，轴线均居中，门框厚为60 mm，门框居中。根据设计要求分别做干混抹灰水泥砂浆 M10 踢脚线、陶瓷地砖踢脚线工程量。试分别计算该找平工程量并对其进行定额组价和清单组价（管理费为人工费的10.05%，附加税采用工程项目在市区，即人工费的0.83%，利润为人工费的7.41%，不考虑人材机调差）。

定额基价表请查找江西定额及统一基价表或扫描下方二维码获取。

江西定额及统一基价表

引导问题 1： 踢脚线的部位在哪里？起什么作用？

_____

_____

_____

引导问题 2： 延长米指什么？

_____

_____

_____

引导问题 3： 踢脚线的计算依据是什么？计算规则是什么？

_____

_____

_____

引导问题 4： 准确计算的基础知识有哪些？

_____

_____

_____

_____

 小提示

（1）踢脚线在墙与楼地面相连的墙根处，一般高度为 150 mm，主要起保护墙面的作用。

（2）延长米就是计算长度，单位可以是 m、10 m、100 m。

（3）清单可以按延长米或图示面积计算，而定额均按图示面积计算。

▲●■

案例解答：

（1）水泥砂浆踢脚线。

$L_{踢}$＝（4.5－0.24）×2＋（4.2－0.24）×2＋（4.8－0.24）×4＝34.68（m）

$S_{踢}$＝34.68×0.12＝4.16（m²）

（2）陶瓷马赛克踢脚线。

$S_{踢}=[(4.5-0.24)\times2-0.9+0.09\times2+(4.8-0.24)\times4+(4.2-0.24)\times2-0.9+0.09\times2]\times0.12=3.99（m^2）$

注：（1）踢脚线按延长米计算时不扣除门洞口长度，也不加门开口侧壁的踢脚线面积；而踢脚线按实贴面积计算时，需扣除洞口所占长度对应的面积，也要加洞口侧壁的踢脚线面积。

（2）各类踢脚线在定额计价中以面积计量，而在清单计价中可以面积或长度计量。踢脚线长度与面积之间的关系是踢脚线面积等于踢脚线长度乘以其高度。

水泥砂浆踢脚线分部分项和措施项目清单综合单价计算见表6-8。

表6-8 水泥砂浆踢脚线分部分项和措施项目清单综合单价计算表

序号	定额编号	项目名称	单位	单价	
				定额单价	其中：人工单价
一	11—56	水泥砂浆踢脚线	元/（100 m²）	4 440.17	3 068.45
二	小计			4 440.17	3 068.45
三	企业管理费	人工费×（10.05%+0.83%）	元	333.85	
四	利润	人工费×7.41%	元	227.37	
五	定额工程量		m²	4.16	
六	总费用	五×（二+三+四）	元	20 805.78	
七	清单工程量		m²	4.16	
八	综合单价	六÷七/100	元/m²	50.01	

陶瓷地砖踢脚线分部分项和措施项目清单综合单价计算见表6-9。

表6-9 陶瓷地砖踢脚线分部分项和措施项目清单综合单价计算表

序号	定额编号	项目名称	单位	单价	
				定额单价	其中：人工单价
一	11—58	陶瓷地面砖踢脚线	元/（100 m²）	8 158.99	3 969.5
二	小计			8 158.99	3 969.5
三	企业管理费	人工费×（10.05%+0.83%）	元	431.88	
四	利润	人工费×7.41%	元	294.14	
五	定额工程量		m²	3.99	
六	总费用	五×（二+三+四）	元	35 451.20	
七	清单工程量		m²	3.99	
八	综合单价	六÷七/100	元/m²	88.85	

小提示

（1）踢脚线按延长米计算时，与其高度无关；而按图示面积计算，其工程量为长度乘以高度计算。

（2）踢脚线工程量与其厚度无关。但其定额基价与厚度有关，套定额时可根据厚度按比例换算。

▲●■

拓展问题 1：踢脚线的高度与其工程量是否有关系？如有，有何关系？

_____

_____

_____

拓展问题 2：常见的踢脚线类型有哪些？

_____

_____

_____

拓展问题 3：踢脚线的厚度不同，能否换算？怎么换算？

_____

_____

_____

学与做

【案例 6-8】　某单层建筑物外墙轴线尺寸如图 6-5 所示，建筑墙厚均为 240 mm，轴线均居中，踢脚线高为 120 mm，门框厚为 60 mm，门框居中。根据设计要求分别做干混抹灰水泥砂浆 M10 踢脚线和陶瓷锦砖踢脚线。试分别计算两种踢脚线工程量并对其进行定额组价和清单组价（管理费为人工费的 10.05%，附加税采用工程项目在市区，即人工费的 0.83%，利润为人工费的 7.41%，不考虑人材机调差）。

定额基价表请查找江西定额及统一基价表或扫描下方二维码获取。

江西定额及统一基价表

引导问题 1：现浇水泥砂浆踢脚线的工程量与陶瓷马赛克踢脚线的工程量是否有区别？如有，有何区别？

_____

_____

引导问题 2：开洞口长度是否扣除？

_____

_____

_____

小提示

（1）水泥砂浆踢脚线与陶瓷马赛克踢脚线类型不同，前者为整体面层，后者为块料面层。

（2）踢脚线按延长米计算时，门洞口长度不扣除，凸出墙面的柱垛长度不计。但块料面层按图示面积计算，门洞口所占面积不计，但门洞及凸出墙面的柱垛的侧壁面积要计算。

▲●■

案例解答：

_____

_____

案例解答

小提示

（1）按延长米计算踢脚线时不扣除门洞所占长度，其门洞侧壁及凸出墙面的柱垛长度也不加，两者基本相抵。

（2）块料面层的单价较高，故按实贴面积计算，因此该扣除的部分就要扣除，该加的要加，其计算要求更准。

▲●■

拓展问题 1：凸出墙面的柱侧所占长度是否要加？

_____

_____

拓展问题 2：门洞口侧壁长度是否要加？

_____

_____

_____

【**案例 6-9**】 某学校教室的建筑平面图如图 6-6 所示，墙厚均为 240 mm，轴线均居中，踢脚线高为 120 mm，门框厚为 60 mm，门框居中。根据设计要求分别做干混抹灰水泥砂浆 M10 踢脚线和陶瓷马赛克踢脚线。试分别计算两种踢脚线工程量并对其进行定额组价和清单组价（管理费为人工费的 10.05%，附加税采用工程项目在市区，即人工费的 0.83%，利润为人工费的 7.41%，不考虑人材机调差）。

定额基价表请查找江西定额及统一基价表或扫描下方二维码获取。

江西定额及统一基价表

案例解答：

_____

_____

_____

_____

案例解答

 总结拓展

（1）在定额中踢脚线无论是整体面层还是块料面层均按面积计量，而在清单中，可按延长米计量，也可按面积计量。

（2）楼梯靠墙踢脚线（含锯齿形部分）贴块料按设计图示面积计算。

▲●■

实战训练

计算住宅楼踢脚线工程量。

图纸　　　　　　　　微课　　　　　　　　任务书　　　　　　　　评价
(用浏览器扫描，
下载图纸文件)

任务四 楼梯与台阶的计算

⊕ 教与学

知识准备

一、清单计算规则

（1）楼梯面层清单计算规则见表6-10。

表6-10 楼梯面层清单计算规则

项目编码	项目名称	项目特征	计量单位	工程量计算规则	工作内容
011106001	石材楼梯面层	1. 找平层厚度、砂浆配合比； 2. 粘结层厚度、材料种类； 3. 面层材料品种、规格、颜色； 4. 防滑条材料种类、规格； 5. 勾缝材料种类； 6. 防护层材料种类； 7. 酸洗、打蜡要求	m²	按设计图示尺寸以楼梯（包括踏步、休息平台及≤500 mm的楼梯井）水平投影面积计算。楼梯与楼地面相连时，算至梯口梁内侧边沿；无梯口梁者，算至最上一层踏步边沿加300 mm	1. 基层清理； 2. 抹找平层； 3. 面层铺贴、磨边； 4. 贴嵌防滑条； 5. 勾缝； 6. 刷防护材料； 7. 酸洗、打蜡； 8. 材料运输
011106002	块料楼梯面层				
011106003	拼碎块料面层				
011106004	水泥砂浆楼梯面层	1. 找平层厚度、砂浆配合比； 2. 面层厚度、砂浆配合比； 3. 防滑条材料种类、规格			1. 基层清理； 2. 抹找平层； 3. 抹面层； 4. 抹防滑条； 5. 材料运输
011106005	现浇水磨石楼梯面层	1. 找平层厚度、砂浆配合比； 2. 面层厚度、水泥石子浆配合比； 3. 防滑条材料种类、规格； 4. 石子种类、规格、颜色； 5. 颜料种类、颜色； 6. 磨光、酸洗打蜡要求	m²	按设计图示尺寸以楼梯（包括踏步、休息平台及≤500 mm的楼梯井）水平投影面积计算。楼梯与楼地面相连时，算至梯口梁内侧边沿；无梯口梁者，算至最上一层踏步边沿加300 mm	1. 基层清理； 2. 抹找平层； 3. 抹面层； 4. 贴嵌防滑条； 5. 磨光、酸洗、打蜡； 6. 材料运输
011106006	地毯楼梯面层	1. 基层种类； 2. 面层材料品种、规格、颜色； 3. 防护材料种类； 4. 粘结材料种类； 5. 固定配件材料种类、规格			1. 基层清理； 2. 铺贴面层； 3. 固定配件安装； 4. 刷防护材料； 5. 材料运输
011106007	木板楼梯面层	1. 基层材料种类、规格； 2. 面层材料品种、规格、颜色； 3. 粘结材料种类； 4. 防护材料种类			1. 基层清理； 2. 基层铺贴； 3. 面层铺贴； 4. 刷防护材料； 5. 材料运输
011106008	橡胶板楼梯面层	1. 粘结层厚度、材料种类； 2. 面层材料品种、规格、颜色； 3. 压线条种类			1. 基层清理； 2. 面层铺贴； 3. 压缝条装钉； 4. 材料运输
011106009	塑料板楼梯面层				

续表

注：①在描述碎石材项目的面层材料特征时可不用描述规格、品牌、颜色。

　　②石材、块料与粘结材料的结合面刷防渗材料的种类在防护层材料种类中描述。

（2）台阶装饰清单计算规则见表 6-11。

表 6-11　台阶装饰清单计算规则

项目编码	项目名称	项目特征	计量单位	工程量计算规则	工作内容
011107001	石材台阶面	1. 找平层厚度、砂浆配合比； 2. 粘结层材料种类； 3. 面层材料品种、规格、颜色； 4. 勾缝材料种类； 5. 防滑条材料种类、规格； 6. 防护材料种类	m²	按设计图示尺寸以台阶（包括最上层踏步边沿加300 mm）水平投影面积计算	1. 基层清理； 2. 抹找平层； 3. 面层铺贴； 4. 贴嵌防滑条； 5. 勾缝； 6. 刷防护材料； 7. 材料运输
011107002	块料台阶面				
011107003	拼碎块料台阶面				
011107004	水泥砂浆台阶面	1. 找平层厚度、砂浆配合比； 2. 面层厚度、砂浆配合比； 3. 防滑条材料种类	m²	按设计图示尺寸以台阶（包括最上层踏步边沿加300 mm）水平投影面积计算	1. 基层清理； 2. 抹找平层； 3. 抹面层； 4. 抹防滑条； 5. 材料运输
011107005	现浇水磨石台阶面	1. 找平层厚度、砂浆配合比； 2. 面层厚度、水泥石子浆配合比； 3. 防滑条材料种类、规格； 4. 石子种类、规格、颜色； 5. 颜料种类、颜色； 6. 磨光、酸洗、打蜡要求			1. 清理基层； 2. 抹找平层； 3. 抹面层； 4. 贴嵌防滑条； 5. 打磨、酸洗、打蜡； 6. 材料运输
011107006	剁假石台阶面	1. 找平层厚度、砂浆配合比； 2. 面层厚度、砂浆配合比； 3. 剁假石要求			1. 清理基层； 2. 抹找平层； 3. 抹面层； 4. 剁假石； 5. 材料运输

注：①在描述碎石材项目的面层材料特征时可不用描述规格、品牌、颜色。

　　②石材、块料与粘结材料的结合面刷防渗材料的种类在防护层材料种类中描述。

二、定额计算规则

楼梯面层按设计图示尺寸以楼梯（包括踏步、休息平台及≤500 mm的楼梯井）水平投影面积计算。楼梯与楼地面相连时，算至梯口梁内侧边沿；无梯口梁者，算至最上一层踏步边沿加300 mm。

台阶面层按设计图示尺寸以台阶（包括最上层踏步边沿加300 mm）水平投影面积计算。

【案例6-10】 某6层建筑楼梯如图6-7所示，建筑墙厚均为240 mm，轴线居中，平台梁和梯口梁均为200 mm×400 mm。根据设计要求做20 mm厚干混地面砂浆M20楼梯面。试计算该楼梯面工程量并对其进行定额组价和清单组价（管理费为人工费的10.05%，附加税采用工程项目在市区，即为人工费的0.83%，利润为人工费的7.41%，不考虑人材机调差）。

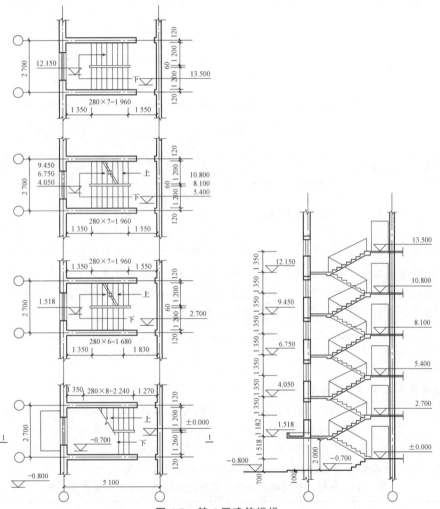

图6-7 某6层建筑楼梯

定额基价表请查找江西定额及统一基价表或扫描下方二维码获取。

江西定额及统一基价表

引导问题 1：楼梯井是指哪里？

_____

_____

引导问题 2：楼梯水平投影面积是指什么？

_____

_____

引导问题 3：楼梯面层的计算规则是什么？

_____

_____

引导问题 4：准确计算的基础知识有哪些？

_____

_____

 小提示

（1）楼梯井是指两个梯板之间的空间。

（2）水平投影面积是指假设有一束光从上方投射下来之间形成的阴影外轮廓线包围的面积。楼梯水平投影面积包括踏步、休息平台、平台梁、斜梁及楼梯与楼板连接的梁。

（3）楼梯工程量按其水平投影面积计算，包括踏步、休息平台、平台梁、斜梁及楼梯与楼板连接的梁所占的面积。因此，计算楼梯水平投影面积后就不再单独计算踏步、休息平台、平台梁、斜梁及楼梯与楼板连接的梁的工程量。

▲●■

案例解答：

楼梯面层工程量 S ＝水平投影面积

＝（水平投影长度 L×水平投影宽度 B－500 mm 以外楼梯井的面积）×楼梯层数

＝ $[(1.35+1.96+0.2) \times (1.2+0.06+1.2)] \times (6-1) = 43.17$（m^2）

水泥砂浆楼梯面分部分项和措施项目清单综合单价计算见表 6-12。

表 6-12　水泥砂浆楼梯面分部分项和措施项目清单综合单价计算表

序号	定额编号	项目名称	单位	单价	
				定额单价	其中：人工单价
一	11—66	水泥砂浆楼梯面	元/（100 m^2）	2 631.42	1 359.07
二	小计			2631.42	1 359.07

续表

三	企业管理费	人工费×（10.05%＋0.83%）	元	147.87	
四	利润	人工费×7.41%	元	100.71	
五	定额工程量		m²	43.17	
六	总费用	五×（二＋三＋四）	元	124 329.34	
七	清单工程量		m²	43.17	
八	综合单价	六÷七/100	元/m²	28.80	

拓展问题 1： 楼梯面与楼地面相同吗？如不同，有什么区别？

_____

_____

_____

拓展问题 2： 常见的楼梯面类型有哪些？

_____

_____

_____

拓展问题 3： 楼梯板、梁及休息平台能不能计算有梁板工程量？

_____

_____

_____

⚙ **学与做**

【**案例 6-11**】 某建筑室外台阶如图 6-8 所示。根据设计要求做 20 mm 厚干混地面砂浆 M20 台阶面。试计算该台阶面工程量并对其进行定额组价和清单组价（管理费为人工费的 10.05%，附加税采用工程项目在市区，即人工费的 0.83%，利润为人工费的 7.41%，不考虑人材机调差）。

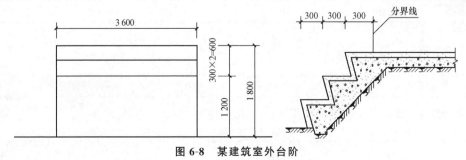

图 6-8 某建筑室外台阶

定额基价表请查找江西定额及统一基价表或扫描下方二维码获取。

江西定额及统一基价表

引导问题 1： 台阶有哪些类型？

_____

_____

_____

引导问题 2： 台阶面层的计算规则是什么？

_____

_____

_____

 小提示

（1）台阶面层分为整体面层与块料面层，无论是整体面层还是块料面层，均按水平投影面积计算。

（2）台阶与地面有区别，前者既有水平踏面，又有竖直方向的踢面，这点也与楼梯类似，所以其计算规则与楼梯类似。而地面只有水平方向的面层。

▲●■

案例解答：

_____

_____

_____

_____

案例解答

 小提示

台阶与地面的分界以最上一个台阶踏步边向内 300 mm 为界，界外为台阶，界内为地面。

▲●■

拓展问题 1： 台阶与地面有没有区别？

_____

_____

拓展问题2： 台阶与地面如何分界？

_____

_____

_____

拓展问题3： 成品保护的工程量如何更快捷地计算？

_____

_____

【案例6-12】 某建筑旋转楼梯如图6-9所示。已知一层踏步数为25，踏步高为150 mm，踏步宽为1 200 mm，内圆半径为800 mm，外圆半径为2 000 mm。根据设计要求做20 mm厚干混地面砂浆M20楼梯面。试计算该楼梯面工程量并对其进行定额组价和清单组价（管理费为人工费的10.05%，附加税采用工程项目在市区，即人工费的0.83%，利润为人工费的7.41%，不考虑人材机调差）。

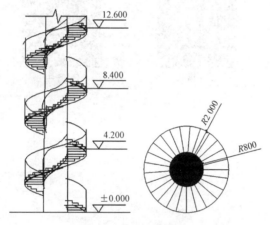

图6-9　某建筑旋转楼梯

定额基价表请查找江西定额及统一基价表或扫描下方二维码获取。

江西定额及统一基价表

案例解答：

_____

_____

_____

_____

案例解答

总结拓展

（1）楼梯工程量包含休息平台、梯段和宽度小于等于 500 mm 的梯井，因此，计算楼梯工程量后其休息平台、梯段不再计算有梁板工程量。

（2）台阶与楼地面的分界按最上台阶踏步边向外 300 mm 处为界，界内为台阶，界外为楼地面。

▲●■

实战训练

计算住宅楼楼梯工程量。

图纸
(用浏览器扫描，
下载图纸文件)

微课

任务书

评价

任务五 墙面的计算

教与学

知识准备

一、清单计算规则

（1）墙面抹灰清单计算规则见表6-13。

表 6-13 墙面抹灰清单计算规则

项目编码	项目名称	项目特征	计量单位	工程量计算规则	工作内容
011201001	墙面一般抹灰	1. 墙体类型； 2. 底层厚度、砂浆配合比； 3. 面层厚度、砂浆配合比； 4. 装饰面材料种类； 5. 分格缝宽度、材料种类	m²	按设计图示尺寸以面积计算。扣除墙裙、门窗洞口及单个＞0.3 m²的孔洞面积，不扣除踢脚线、挂镜线和墙与构件交接处的面积，门窗洞口和孔洞的侧壁及顶面 不增加面积。附墙柱、梁、垛、烟囱侧壁并入相应的墙面面积。 1. 外墙抹灰面积按外墙垂直投影面积计算。 2. 外墙裙抹灰面积按其长度乘以高度计算。	1. 基层清理； 2. 砂浆制作、运输； 3. 底层抹灰； 4. 抹面层； 5. 抹装饰面； 6. 勾分格缝
011201002	墙面装饰抹灰				
011201003	墙面勾缝	1. 勾缝类型； 2. 勾缝材料种类		3. 内墙抹灰面积按主墙间的净长乘以高度计算。 （1）无墙裙的，高度按室内楼地面至天棚底面计算。 （2）有墙裙的，高度按墙裙顶至天棚底面计算； （3）有吊顶天棚抹灰，高度算至天棚底。 4. 内墙裙抹灰面按内墙净长乘以高度计算	1. 基层清理； 2. 砂浆制作、运输； 3. 勾缝
011201004	立面砂浆找平层	1. 基层类型； 2. 找平层砂浆厚度、配合比			1. 基层清理； 2. 砂浆制作、运输； 3. 抹灰找平

注：①立面砂浆找平项目适用仅做找平层的立面抹灰。

②墙面抹石灰砂浆、水泥砂浆、混合砂浆、聚合物水泥砂浆、麻刀石灰浆、石膏灰浆等按墙面一般抹灰列项，水刷石、斩假石、干粘石、假面砖等按墙面装饰抹灰列项。

③飘窗凸出外墙面增加的抹灰并入外墙工程量内。

（2）墙面块料面层清单计算规则见表6-14。

表 6-14 墙面块料面层清单计算规则

项目编码	项目名称	项目特征	计量单位	工程量计算规则	工作内容
011204001	石材墙面	1. 墙体类型； 2. 安装方式； 3. 面层材料品种、规格、颜色； 4. 缝宽、嵌缝材料种类； 5. 防护材料种类； 6. 磨光、酸洗、打蜡要求	m²	按镶贴表面积计算	1. 基层清理； 2. 砂浆制作、运输； 3. 粘结层铺贴； 4. 面层安装； 5. 嵌缝； 6. 刷防护材料； 7. 磨光、酸洗、打蜡
011204002	拼碎石材墙面				
011204003	块料墙面				
011204004	干挂石材钢骨架	1. 骨架种类、规格； 2. 防锈漆品种遍数	t	按设计图示以质量计算	1. 骨架制作、运输、安装； 2. 刷漆

注：①在描述碎块项目的面层材料特征时可不用描述规格、品牌、颜色。

②石材、块料与粘结材料的结合面刷防渗材料的种类在防护层材料种类中描述。

③安装方式可描述为砂浆或胶粘剂粘贴、挂贴、干挂等，不论哪种安装方式，都要详细描述与组价相关的内容。

二、定额计算规则

1. 抹灰

（1）内墙面、墙裙抹灰面积应扣除门窗洞口和单个面积＞0.3 m² 以上的空圈所占的面积，不扣除踢脚线、挂镜线及单个面积≤0.3 m² 的孔洞和墙与构件交接处的面积，且门窗洞口、空圈、孔洞的侧壁面积也不增加，附墙柱的侧面抹灰应并入墙面、墙裙抹灰工程量计算。

（2）内墙面、墙裙的长度以主墙间的图示净长计算，墙面高度按室内地面至天棚底面净高计算，墙面抹灰面积应扣除墙裙抹灰面积，如墙面和墙裙抹灰种类相同者，工程量合并计算。

（3）外墙抹灰面积按垂直投影面积计算，应扣除门窗洞口、外墙裙（墙面和墙裙抹灰种类相同者应合并计算）和单个面积＞0.3 m² 的孔洞所占面积，不扣除单个面积≤0.3 m² 的孔洞所占面积，门窗洞门及孔洞侧壁面积也不增加。附墙柱侧面抹灰面积应并入外墙面抹灰工程量。

2. 块料面层

（1）镶贴块料面层，按镶贴表面积计算。

（2）龙骨、基层、面层墙饰面项目按设计图示饰面尺寸以面积计算，扣除门窗洞口及单个面积＞0.3 m² 以上的空圈所占的面积，不扣除单个面积≤0.3 m² 的孔洞所占面积，门窗洞口及孔洞侧壁面积也不增加。

【案例6-13】 某建筑平面图如图6-4所示，建筑墙厚为 240 mm，层高为 3 900 mm，窗高为 1 800 mm，门高为 2100 mm，门窗框居中，门窗框厚均为 60 mm。根据设计要求分别做 20 mm 厚干混抹灰砂浆 M10 内墙面及 240 mm×60 mm 墙面砖内墙面。试分别计算两种墙面工程量并对其进行定额组价和清单组价（管理费为人工费的 10.05%，附加税采用工程项目在市区，即人工费的 0.83%，利润为人工费的 7.41%，不考虑人材机调差）。

定额基价表请查找江西定额及统一基价表或扫描下方二维码获取。

江西定额及统一基价表

引导问题 1： 墙面抹灰的构造层次有哪些？

_____

_____

_____

引导问题 2： 墙面构造类型有哪些？

_____

_____

_____

_____

引导问题 3： 墙面抹灰与墙面块料的计算规则是什么？

_____

_____

_____

_____

引导问题 4： 准确计算的基础知识有哪些？

_____

_____

_____

　小提示

（1）墙面构造层次一般分为找平层、中间层和面层。特殊的还包括功能层，如保温层、隔声层、防水层。

（2）墙面类型可分为抹灰与块料两种。

（3）墙面抹灰按垂直投影面积，其中内墙按净长乘以净高，外墙按外边线长乘以总高，应扣除门窗洞口和空圈所占的面积，不扣除踢脚板、挂镜线、0.3 m² 以内的孔洞和墙与构件交接处的面积，洞口侧壁也不增加。墙垛和附墙烟囱侧壁面积与内墙抹灰工程量合并计算。墙面块料按实贴面积计算。

▲●■

案例解答：

墙面抹灰面积：

$S_{抹}$＝[（4.5－0.24）＋（4.8－0.24）]×2×3.9－0.9×2.1－1.5×1.8＋[（4.2－0.24）＋

（4.8－0.24）]×2×3.9－0.9×2.1－1.5×1.8＝126.07（m²）

墙面块料面积：

$S_{块}$＝[（4.5－0.24）＋（4.8－0.24）]×2×3.9－0.9×2.1－1.5×1.8＋（0.9＋2.1×2）×

0.09＋（1.8＋1.5）×2×0.09＋[（4.2－0.24）＋（4.8－0.24）]×2×3.9－0.9×2.1－

1.5×1.8＋（0.9＋2.1×2）×0.09＋（1.8＋1.5）×2×0.09＝128.18（m²）

水泥砂浆墙面分部分项和措施项目清单综合单价计算见表6-15。

表6-15 水泥砂浆墙面分部分项和措施项目清单综合单价计算表

序号	定额编号	项目名称	单位	单价	
				定额单价	其中：人工单价
一	12－1	水泥砂浆墙面	元/（100 m²）	2 332.93	1 091.71
二	小计			2332.93	1 091.71
三	企业管理费	人工费×（10.05％＋0.83％）	元	118.78	
四	利润	人工费×7.41％	元	80.90	
五	定额工程量		m²	126.07	
六	总费用	五×（二＋三＋四）	元	319 285.36	
七	清单工程量		m²	126.07	
八	综合单价	六÷七/100	元/m²	25.33	

面砖墙面分部分项和措施项目清单综合单价计算见表6-16。

表6-16 面砖墙面分部分项和措施项目清单综合单价计算表

序号	定额编号	项目名称	单位	单价	
				定额单价	其中：人工单价
一	12－57	面砖每块面积0.02 m²以内	元/（100 m²）	7 584.94	3 587.42
二	小计			7 584.94	3 587.42
三	企业管理费	人工费×（10.05％＋0.83％）	元	390.31	
四	利润	人工费×7.41％	元	265.83	
五	定额工程量		m²	128.18	
六	总费用	五×（二＋三＋四）	元	1 056 341.52	
七	清单工程量		m²	128.18	
八	综合单价	六÷七/100	元/m²	82.41	

小提示

墙面抹灰与墙面块料的工程量计算区别主要在于门窗洞侧壁面积是否需要计算，前者不扣除踢脚线也不算门窗洞侧壁；而后者相反。

▲●■

拓展问题 1： 计算墙面抹灰与墙面块料的工程量区别在哪里？

_____

_____

_____

拓展问题 2： 门窗洞壁抹灰是否需要计算？门窗洞壁的块料是否也需要计算？

_____

_____

_____

学与做

【案例 6-14】 某单层建筑物外墙轴线尺寸如图 6-5 所示，层高为 3 900 mm，门窗框均居中，门窗框厚为 60 mm。根据设计要求分别做 20 mm 厚干混抹灰砂浆 M10 内墙面及 95 mm×95 mm墙面砖内墙面。试分别计算两种墙面工程量并对其进行定额组价和清单组价（管理费为人工费的 10.05％，附加税采用工程项目在市区，即人工费的 0.83％，利润为人工费的 7.41％，不考虑人材机调差）。

定额基价表请查找江西定额及统一基价表或扫描下方二维码获取。

江西定额及统一基价表

引导问题： 凸出墙面的框架柱面抹灰算柱面还是墙面？

_____

_____

_____

 小提示

框架柱分为附墙柱和独立柱。附墙柱侧抹灰并入墙面抹灰；独立柱抹灰与墙面抹灰分开计算，分别套相应定额。

▲●■

案例解答：

_____

_____

_____

_____

案例解答

小提示

墙面抹灰与墙面块料的工程量计算规则不同，它们的工程量有区别。

▲●■

拓展问题 1： 柱侧面是否需要计算抹灰？

_____

_____

拓展问题 2： 墙面抹灰面积与块料面积是否相等？

_____

_____

【案例 6-15】　某学校教室的建筑平面图如图 6-6 所示，墙厚均为 240 mm，层净高为 3.9 m，门窗框厚为 60 mm，门框平齐外侧，窗框居中，轴线居中，讲台厚为 200 mm。根据设计要求做 200 mm×300 mm 墙面砖内墙面。试计算该墙面工程量并对其进行定额组价和清单组价（管理费为人工费的 10.05%，附加税采用工程项目在市区，即人工费的 0.83%，利润为人工费的 7.41%，不考虑人材机调差）。

定额基价表请查找江西定额及统一基价表或扫描下方二维码获取。

江西定额及统一基价表

案例解答：

_____

_____

_____

_____

案例解答

总结拓展

（1）墙柱面清单与定额计算规则相同。

（2）墙面抹灰不扣除踢脚线，但也不计门窗洞侧壁面积，而块料则要扣除踢脚线，也要计门窗洞口侧壁面积。

▲●■

实战训练

计算住宅楼墙面工程量。

图纸
（用浏览器扫描，
下载图纸文件）

微课（一）

微课（二）

任务书

评价

任务六　柱面的计算

⊕ 教与学

知识准备

一、清单计算规则

（1）柱（梁）面抹灰清单计算规则见表 6-17。

表 6-17　柱（梁）面抹灰清单计算规则

项目编码	项目名称	项目特征	计量单位	工程量计算规则	工作内容
011202001	柱、梁面一般抹灰	1. 柱（梁）体类型； 2. 底层厚度、砂浆配合比； 3. 面层厚度、砂浆配合比； 4. 装饰面材料种类； 5. 分格缝宽度、材料种类	m^2	1. 柱面抹灰：按设计图示柱断面周长乘高度以面积计算。 2. 梁面抹灰：按设计图示梁断面周长乘长度以面积计算	1. 基层清理； 2. 砂浆制作、运输； 3. 底层抹灰； 4. 抹面层； 5. 勾分格缝
011202002	柱、梁面装饰抹灰				
011202003	柱、梁面砂浆找平	1. 柱（梁）体类型； 2. 找平的砂浆厚度、配合比			1. 基层清理； 2. 砂浆制作、运输； 3. 抹灰找平
011202004	柱面勾缝	1. 勾缝类型； 2. 勾缝材料种类		按设计图示柱断面周长乘高度以面积计算	1. 基层清理； 2. 砂浆制作、运输； 3. 勾缝

注：①砂浆找平项目适用仅做找平层的柱（梁）面抹灰。
　　②抹石灰砂浆、水泥砂浆、混合砂浆、聚合物水泥砂浆、麻刀石灰浆、石膏灰浆等按柱（梁）面一般抹灰编码列项，水刷石、斩假石、干粘石、假面砖等按柱（梁）面装饰抹灰编码列项。

（2）柱（梁）面镶贴块料清单计算规则见表 6-18。

表 6-18　柱（梁）面镶贴块料清单计算规则

项目编码	项目名称	项目特征	计量单位	工程量计算规则	工作内容
011205001	石材柱面	1. 柱截面类型、尺寸； 2. 安装方式； 3. 面层材料品种、规格、颜色； 4. 缝宽、嵌缝材料种类； 5. 防护材料种类； 6. 磨光、酸洗、打蜡要求	m^2	按镶贴表面积计算	1. 基层清理； 2. 砂浆制作、运输； 3. 粘结层铺贴； 4. 面层安装； 5. 嵌缝； 6. 刷防护材料； 7. 磨光、酸洗、打蜡
011205002	块料柱面				
011205003	拼碎块柱面				
011205004	石材梁面	1. 安装方式； 2. 面层材料品种、规格、颜色； 3. 缝宽、嵌缝材料种类； 4. 防护材料种类； 5. 磨光、酸洗、打蜡要求			
011205005	块料梁面				

注：①在描述碎块项目的面层材料特征时可不用描述规格、品牌、颜色。

　　②石材、块料与粘接材料的结合面刷防渗材料的种类在防护层材料种类中描述。

　　③柱梁面干挂石材的钢骨架按表 6-14 相应项目编码列项。

二、定额计算规则

（1）柱（梁）面抹灰按结构断面周长乘以抹灰高（长）度计算。

（2）柱（梁）面镶贴块料面层按设计图示饰面外围尺寸乘以高（长）度以面积计算。

（3）柱（梁）饰面的龙骨、基层、面层按设计图示饰面尺寸以面积计算，柱帽、柱墩并入相应柱面积计算。

【案例 6-16】　某单层框架结构建筑物平面如图 6-10 所示，层高为 4 400 mm，板厚为 100 mm。根据设计要求室内用 20 mm 厚干混地面砂浆 M10 粉刷。试计算其独立柱柱面抹灰工程量并进行定额组价和计算清单综合单价（管理费为人工费的 23.29%，附加税采用工程项目在市区，即人工费的 1.84%，利润为人工费的 15.99%，不考虑人材机调差）。

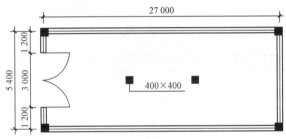

图 6-10　某单层框架结构建筑物平面

定额基价表请查找江西定额及统一基价表或扫描下方二维码获取。

江西定额及统一基价表

引导问题 1：什么是独立柱？

_____

_____

引导问题 2：独立柱的装饰类型有哪些？

_____

_____

_____

引导问题 3：柱面的计算规则是什么？

_____

_____

_____

引导问题 4： 准确计算的基础知识有哪些？

_____

_____

_____

_____

小提示

（1）独立柱是指不与墙相连的柱。

（2）独立柱的类型可分为抹灰与块料两种。

（3）柱面一般抹灰、装饰抹灰按柱结构断面周长乘以高度以平方米计算。块料柱面按外围饰面尺寸乘以高度以平方米计算。

▲●■

案例解答：

柱面抹灰 $S=0.4×4×(4.4-0.1)×2=13.76（m^2）$

柱面抹灰分部分项和措施项目清单综合单价计算见表 6-19。

表 6-19　柱面抹灰分部分项和措施项目清单综合单价计算表

序号	定额编号	项目名称	单位	单价	
				定额单价	其中：人工单价
一	12—25	矩形独立柱（梁）面抹灰	元/（100 m²）	2 679.65	1 476.1
二	小计			2 679.65	1 476.1
三	企业管理费	人工费×（10.05%+0.83%）	元	160.60	
四	利润	人工费×7.41%	元	109.38	
五	定额工程量		m²	13.76	
六	总费用	五×（二+三+四）	元	40 586.89	
七	清单工程量		m²	13.76	
八	综合单价	六÷七/100	元/m²	29.50	

小提示

柱高是指净高，即扣除板厚的高度。

▲●■

拓展问题： 柱高是指净高还是总高？

_____

_____

⚙ 学与做

【案例 6-17】　　某单层建筑物尺寸如图 6-11 所示，轴线居中，混凝土柱截面半径为 200 mm。根据设计要求对其分别用两种不同方法装饰：20 mm 厚干混地面砂浆 M10 粉刷；用 10 mm 厚砂浆结合层＋15 mm 厚芝麻灰光面花岗石贴面。试分别计算两种不同柱面面层工程量并进行定额组价和计算清单综合单价（管理费为人工费的 23.29%，附加税采用工程项目在市区，即人工费的 1.84%，利润为人工费的 15.99%，不考虑人材机调差）。

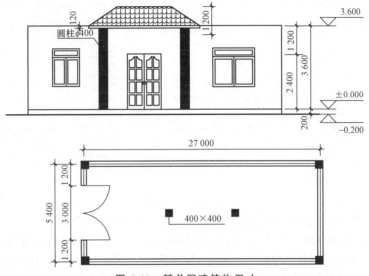

图 6-11　某单层建筑物尺寸

定额基价表请查找江西定额及统一基价表或扫描下方二维码获取。

江西定额及统一基价表

引导问题： 常见柱面块料的施工工艺有哪些？

_____

_____

 小提示

柱面块料有粘贴、挂贴与干挂三种施工工艺。

▲●■

案例解答：

案例解答

小提示

（1）柱面块料按外围饰面尺寸乘以高度以平方米计算。

（2）外围饰面周长是指含饰面块料厚度的周长。

▲●■

拓展问题 1：不同材质的柱墩、柱帽的计算方法有没有区别？如有，有何区别？

拓展问题 2：柱结构断面与外围饰面周长有何区别？

【**案例 6-18**】 某大学礼堂的建筑平面图如图 6-12 所示，墙厚均为 200 mm，层高为 4 000 mm，板厚为 120 mm，轴线居中。根据设计要求对其分别用两种不同方法装饰：20 mm 厚干混地面砂浆 M10 粉刷；用 10 mm 厚砂浆结合层＋15 mm 厚芝麻灰白面花岗石贴面。试分别计算两种不同柱面面层工程量并进行定额组价和计算清单综合单价（管理费为人工费的 23.29％，附加税采用工程项目在市区，即人工费的 1.84％，利润为人工费的 15.99％，不考虑人材机调差）。

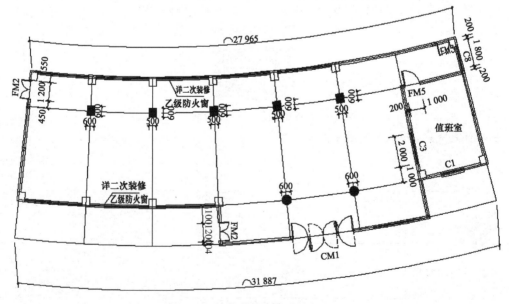

图 6-12 某大学礼堂的建筑平面图

定额基价表请查找江西定额及统一基价表或扫描下方二维码获取。

江西定额及统一基价表

案例解答：

_____

_____

_____

_____

案例解答

总结拓展

（1）挂贴石材零星项目中柱墩、柱帽是按圆弧形成品考虑的，按其圆的最大外径以周长计算；其他类型的柱帽、柱墩工程量按设计图示尺寸以展开面积计算。

（2）独立柱与附墙柱的区别主要看是否与墙相连，相连为附墙柱，否则为独立柱。

▲●■

实战训练

计算住宅楼柱面抹灰工程量。

图纸　　　　　　　微课　　　　　　　任务书　　　　　　　评价
（用浏览器扫描，
下载图纸文件）

任务七　隔断与玻璃幕墙的计算

教与学

知识准备

一、清单计算规则

（1）幕墙工程清单计算规则见表6-20。

表6-20　幕墙工程清单计算规则

项目编码	项目名称	项目特征	计量单位	工程量计算规则	工作内容
011209001	带骨架幕墙	1. 骨架材料种类、规格、中距； 2. 面层材料品种、规格、颜色； 3. 面层固定方式； 4. 隔离带、框边封闭材料品种、规格； 5. 嵌缝、塞口材料种类	m²	按设计图示框外围尺寸以面积计算。与幕墙同种材质的窗所占面积不扣除	1. 骨架制作、运输、安装； 2. 面层安装； 3. 隔离带、框边封闭； 4. 嵌缝、塞口； 5. 清洗
011209002	全玻（无框玻璃）幕墙	1. 玻璃品种、规格、颜色； 2. 粘结塞口材料种类； 3. 固定方式		按设计图示尺寸以面积计算。带肋全玻幕墙按展开面积计算	1. 幕墙安装； 2. 嵌缝、塞口； 3. 清洗

（2）隔断清单计算规则见表6-21。

表6-21　隔断清单计算规则

项目编码	项目名称	项目特征	计量单位	工程量计算规则	工作内容
011210001	木隔断	1. 骨架、边框材料种类、规格； 2. 隔板材料品种、规格、颜色； 3. 嵌缝、塞口材料品种； 4. 压条材料种类	m²	按设计图示框外围尺寸以面积计算。不扣除单个≤0.3 m²的孔洞所占面积；浴厕门的材质与隔断相同时，门的面积并入隔断面积内	1. 骨架及边框制作、运输、安装； 2. 隔板制作、运输、安装； 3. 嵌缝、塞口； 4. 装钉压条
011210002	金属隔断	1. 骨架、边框材料种类、规格； 2. 隔板材料品种、规格、颜色； 3. 嵌缝、塞口材料品种			1. 骨架及边框制作、运输、安装； 2. 隔板制作、运输、安装； 3. 嵌缝、塞口

续表

项目编码	项目名称	项目特征	计量单位	工程量计算规则	工作内容
011210003	玻璃隔断	1. 边框材料种类、规格； 2. 玻璃品种、规格、颜色； 3. 嵌缝、塞口材料品种	m²	按设计图示框外围尺寸以面积计算。不扣除单个≤0.3 m²的孔洞所占面积	1. 边框制作、运输、安装； 2. 玻璃制作、运输、安装； 3. 嵌缝、塞口
011210004	塑料隔断	1. 边框材料种类、规格； 2. 隔板材料品种、规格、颜色； 3. 嵌缝、塞口材料品种			1. 骨架及边框制作、运输、安装； 2. 隔板制作、运输、安装； 3. 嵌缝、塞口
011210005	成品隔断	1. 隔断材料品种、规格、颜色； 2. 配件品种、规格	1. m²； 2. 间	1. 按设计图示框外围尺寸以面积计算。 2. 按设计间的数量以间计算	1. 隔断运输、安装； 2. 嵌缝、塞口
011210006	其他隔断	1. 骨架、边框材料种类、规格； 2. 隔板材料品种、规格、颜色； 3. 嵌缝、塞口材料品种	m²	按设计图示框外围尺寸以面积计算。不扣除单个≤0.3 m²的孔洞所占面积	1. 骨架及边框安装； 2. 隔板安装； 3. 嵌缝、塞口

二、定额计算规则

（1）玻璃幕墙、铝板幕墙以框外围面积计算；半玻璃隔断、全玻璃幕墙如有加强肋者，工程量按其展开面积计算。

（2）隔断按设计图示框外围尺寸以面积计算，扣除门窗洞及单个面积＞0.3 m²的孔洞所占面积。

【案例6-19】 塑钢卫生间隔断如图6-13所示，高度为1 800 mm，墙厚均为200 mm，轴线均居中。试计算该隔断工程量并进行定额组价和计算清单综合单价（管理费为人工费的23.29％，附加税采用工程项目在市区，即人工费的1.84％，利润为人工费的15.99％，不考虑人材机调差）。

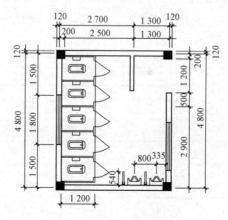

图 6-13 塑钢卫生间隔断

定额基价表请查找江西定额及统一基价表或扫描下方二维码获取。

江西定额及统一基价表

引导问题 1： 隔断、幕墙的计算规则是什么？

_____

_____

引导问题 2： 准确计算的基础知识有哪些？

_____

_____

_____

 小提示

（1）隔断按净长乘以高计算，扣除门窗洞口及 0.3 m² 以上孔洞所占面积。同材质门扇面积并入隔断面积内计算。

（2）全玻隔断、全玻幕墙如有加强肋者，工程量按其展开面积计算；玻璃幕墙、铝板幕墙按展开面积计算。

▲●■

案例解答：

卫生间隔断工程量：

$$S= [(4.8-0.2)+1.215×6+0.54×2]×1.8=23.35（m^2）$$

塑钢隔断分部分项和措施项目清单综合单价计算见表6-22。

表 6-22　塑钢隔断分部分项和措施项目清单综合单价计算表

序号	定额编号	项目名称	单位	单价	
				定额单价	其中：人工单价
一	12─232	全塑钢板隔断	元/（100 m²）	25 650.97	1 706.59
二	小计			25 650.97	1 706.59
三	企业管理费	人工费×（10.05%+0.83%）	元	185.68	
四	利润	人工费×7.41%	元	126.46	
五	定额工程量		m²	23.35	
六	总费用	五×（二+三+四）	元	606 238.51	
七	清单工程量		m²	23.35	
八	综合单价	六÷七/100	元/m²	259.63	

小提示

　　隔墙是起完全隔离作用的结构，隔断只是部分分隔，一般不到顶。因此在计算时，只用隔断的宽乘以隔断高计算。

▲●■

拓展问题：隔断与隔墙的区别是什么？

_____

_____

_____

⚙ 学与做

【案例 6-20】　　某三层建筑物外墙各层平面图如图 6-14 所示，墙厚均为 200 mm，层高为 4 m，轴线居中。根据设计要求做明框玻璃幕墙，计算其玻璃幕墙的工程量并进行定额组价和计算清单综合单价（管理费为人工费的 23.29%，附加税采用工程项目在市区，即人工费的 1.84%，利润为人工费的 15.99%，不考虑人材机调差）。

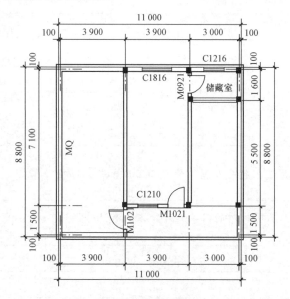

图 6-14　某三层建筑物外墙各层平面图

定额基价表请查找江西定额及统一基价表或扫描下方二维码获取。

江西定额及统一基价表

引导问题1：幕墙的种类有哪些？

_____

_____

引导问题2：幕墙中的钢骨架是如何计算的？

_____

_____

_____

💡 **小提示**

常见的幕墙有玻璃幕墙、铝板幕墙。

▲●■

案例解答：

_____

_____

_____

_____

_____

_____

案例解答

💡 **小提示**

幕墙的型钢架按施工图包含预埋铁件、加工铁板等，以吨计算。

▲●■

拓展问题1：隔断内不同材质的门，其计算方法有什么区别？

_____

_____

_____

拓展问题2：常见的玻璃幕墙要计算哪些项目？

_____

_____

_____

【案例6-21】 某五层建筑每层平面图如图6-15所示，墙厚均为240 mm，层高为3 300 mm，轴线居中。根据设计要求做3 mm厚铝单板幕墙，计算其铝单板幕墙的工程量并进行定额组价和计算清单综合单价（管理费为人工费的23.29%，附加税采用工程项目在市区，即人工费的1.84%，利润为人工费的15.99%，不考虑人材机调差）。

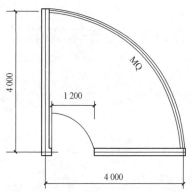

图 6-15　某五层建筑每层平面图

定额基价表请查找江西定额及统一基价表或扫描下方二维码获取。

江西定额及统一基价表

案例解答：

_____

_____

_____

_____

案例解答

_____

 总结拓展

（1）在清单中，天棚为包含打底、面层的一个整体项目；在定额中，打底、面层单独列项并计算。

（2）找平层计算与整体楼地面类似，不扣减柱墙垛。

▲●■

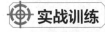 **实战训练**

计算住宅楼卫生间隔断工程量。

图纸　　　　　　　　微课　　　　　　　　任务书　　　　　　　　评价

（用浏览器扫描，
下载图纸文件）

任务八　天棚抹灰的计算

 教与学

知识准备

一、清单计算规则

天棚抹灰清单计算规则见表 6-23。

表 6-23　天棚抹灰清单计算规则

项目编码	项目名称	项目特征	计量单位	工程量计算规则	工作内容
011301001	天棚抹灰	1. 基层类型； 2. 抹灰厚度、材料种类； 3. 砂浆配合比	m²	按设计图示尺寸以水平投影面积计算。不扣除间壁墙、垛、柱、附墙烟囱、检查口和管道所占的面积，带梁天棚的梁两侧抹灰面积并入天棚面积，板式楼梯底面抹灰按斜面积计算，锯齿形楼梯底板抹灰按展开面积计算	1. 基层清理； 2. 底层抹灰； 3. 抹面层

二、定额计算规则

按设计结构尺寸以展开面积计算天棚抹灰。不扣除间壁墙、垛、柱、附墙烟囱、检查口和管道所占的面积，带梁天棚的梁两侧抹灰面积并入天棚面积，板式楼梯底面抹灰面积（包括踏步、休息平台以及≤500 mm 宽的楼梯井）按水平投影面积乘以系数 1.15 计算，锯齿形楼梯底板抹灰面积（包括踏步、休息平台以及≤500 mm 宽的楼梯井）按水平投影面积乘以系数 1.37 计算。

【案例 6-22】　建筑平面图如图 6-16 所示，已知墙厚均为 240 mm，轴线均居中。根据设计要求对其混凝土天棚做 M10 干混砂浆抹灰。计算其天棚抹灰的工程量并进行定额组价和计算清单综合单价（管理费为人工费的 23.29%，附加税采用工程项目在市区，即人工费的 1.84%，利润为人工费的 15.99%，不考虑人材机调差）。

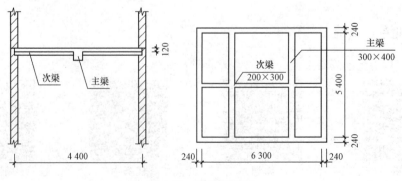

图 6-16　建筑平面图

定额基价表请查找江西定额及统一基价表或扫描下方二维码获取。

江西定额及统一基价表

引导问题 1：天棚抹灰的基层类型有哪些？

_____

_____

_____

_____

引导问题 2：天棚抹灰的计算规则是什么？

_____

_____

_____

引导问题 3：准确计算的基础知识有哪些？

_____

_____

_____

_____

 小提示

(1) 常见的天棚基层类型有现浇钢筋混凝土板与预制钢筋混凝土板。

(2) 天棚抹灰按设计结构尺寸以展开面积计算，不扣除间壁墙、垛、柱、附墙烟囱、检查口和管道所占的面积。带梁天棚的梁两侧抹灰面积并入天棚抹灰工程量计算。

▲●■

案例解答：

$S_{净} = 6.3 \times 5.4 = 34.02$（$m^2$）

$S_{主} = 5.4 \times (0.4 - 0.12) \times 4 = 6.05$（$m^2$）

$S_{次} = (6.3 - 0.3 \times 2) \times (0.3 - 0.12) \times 2 = 2.05$（$m^2$）

$S = S_{净} + S_{主} + S_{次} = 34.02 + 6.05 + 2.05 = 42.12$（$m^2$）

天棚抹灰分部分项和措施项目清单综合单价计算见表6-24。

表 6-24　天棚抹灰分部分项和措施项目清单综合单价计算表

序号	定额编号	项目名称	单位	单价	
				定额单价	其中：人工单价
一	13-1	混凝土天棚一次抹灰（10 mm）	元/（100 m²）	1 579.6	974.4
二	小计			1 579.60	974.4
三	企业管理费	人工费×（10.05%＋0.83%）	元	106.01	
四	利润	人工费×7.41%	元	72.20	
五	定额工程量		m²	42.12	
六	总费用	五×（二＋三＋四）	元	74 039.28	
七	清单工程量		m²	42.12	
八	综合单价	六÷七/100	元/m²	17.58	

小提示

　　带梁两侧抹灰需并入天棚抹灰工程量计算，这里的梁是指板下悬空的梁，而非墙上梁。墙上梁侧抹灰并入墙面抹灰。

▲●■

　　拓展问题： 所有梁侧的抹灰都计入天棚抹灰工程量吗？

_____

_____

_____

_____

学与做

　　【案例 6-23】　某单层建筑物外墙轴线尺寸如图 6-17 所示，板厚为 120 mm，天棚为半球形。根据设计要求对其混凝土天棚做 M10 干混砂浆抹灰。计算其天棚抹灰的工程量并进行定额组价和计算清单综合单价（管理费为人工费的 23.29%，附加税采用工程项目在市区，即人工费的 1.84%，利润为人工费的 15.99%，不考虑人材机调差）。

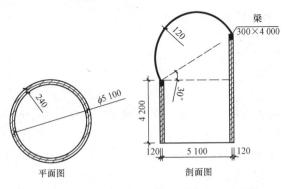

图 6-17　某单层建筑物外墙轴线尺寸

定额基价表请查找江西定额及统一基价表或扫描下方二维码获取。

江西定额及统一基价表

引导问题1：该屋顶是什么造型？

_____

_____

_____

引导问题2：该天棚抹灰是按水平投影面积还是展开面积计算？

_____

_____

_____

 小提示

（1）该屋顶为半球壳造型。

（2）天棚中的折线、灯槽线、圆弧形线、拱形线等艺术形式的抹灰，按展开面积计算。

▲●■

案例解答：

_____

_____

_____

_____

案例解答

拓展问题：该图中的内外墙面抹灰怎么计算？

_____

_____

_____

【案例 6-24】　　某厂房的建筑平面图如图 6-18 所示，墙厚均为 240 mm，轴线居中，天棚为圆弧形。根据设计要求对其混凝土天棚做 M10 干混砂浆抹灰。计算其天棚抹灰的工程量并进行定额组价和计算清单综合单价（管理费为人工费的 23.29％，附加税采用工程项目在市区，即人工费的 1.84％，利润为人工费的 15.99％，不考虑人材机调差）。

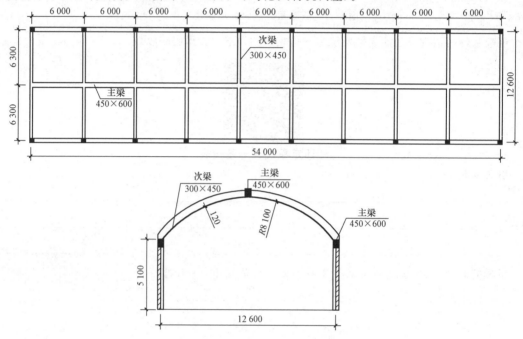

图 6-18　某厂房的建筑平面图

定额基价表请查找江西定额及统一基价表或扫描下方二维码获取。

江西定额及统一基价表

案例解答：

_____

_____

_____

_____

案例解答

总结拓展

（1）天棚抹灰在清单中为包含打底、面层的一个整体项目，两者不单独列项；而定额中打底、面层为两个不同的分项，需单独列项并计算。

（2）天棚抹灰不扣除柱垛所占面积。

▲●■

实战训练

计算住宅楼天棚抹灰工程量。

图纸　　　　　　　微课　　　　　　　任务书　　　　　　评价
（用浏览器扫描，
下载图纸文件）

任务九　天棚吊顶的计算

教与学

知识准备

一、清单计算规则

天棚吊顶清单计算规则见表6-25。

表6-25　天棚吊顶清单计算规则

项目编码	项目名称	项目特征	计量单位	工程量计算规则	工作内容
011302001	吊顶天棚	1. 吊顶形式、吊杆规格、高度； 2. 龙骨材料种类、规格、中距； 3. 基层材料种类、规格； 4. 面层材料品种、规格； 5. 压条材料种类、规格； 6. 嵌缝材料种类； 7. 防护材料种类	m²	按设计图示尺寸以水平投影面积计算。天棚面中的灯槽及跌级、锯齿形、吊挂式、藻井式天棚面积不展开计算。不扣除间壁墙、检查口、附墙烟囱、柱垛和管道所占面积，扣除单个＞0.3 m²的孔洞、独立柱及与天棚相连的窗帘盒所占的面积	1. 基层清理、吊杆安装； 2. 龙骨安装； 3. 基层板铺贴； 4. 面层铺贴； 5. 嵌缝； 6. 刷防护材料
011302002	格栅吊顶	1. 龙骨材料种类、规格、中距； 2. 基层材料种类、规格； 3. 面层材料品种、规格； 4. 防护材料种类		按设计图示尺寸以水平投影面积计算	1. 基层清理； 2. 安装龙骨； 3. 基层板铺贴； 4. 面层铺贴； 5. 刷防护材料
011302003	吊筒吊顶	1. 吊筒形状、规格； 2. 吊筒材料种类； 3. 防护材料种类			1. 基层清理； 2. 吊筒制作安装； 3. 刷防护材料
011302004	藤条造型悬挂吊顶	1. 骨架材料种类、规格； 2. 面层材料品种、规格	m²	按设计图示尺寸以水平投影面积计算	1. 基层清理； 2. 龙骨安装； 3. 铺贴面层
011302005	织物软雕吊顶				1. 基层清理； 2. 龙骨安装； 3. 铺贴面层
011302006	装饰网架吊顶	网架材料品种、规格			1. 基层清理； 2. 网架制作安装

二、定额计算规则

（1）天棚龙骨按主墙间水平投影面积计算，不扣除间壁墙、垛、柱、附墙烟囱、检查口和管道所占的面积，扣除单个＞0.3 m² 的孔洞、独立柱及与天棚相连的窗帘盒所占的面积。斜面龙骨按斜面计算。

（2）天棚吊顶的基层和面层均按设计图示尺寸以展开面积计算。天棚面中的灯槽及跌级、阶梯式、锯齿形、吊挂式、藻井式天棚面积按展开计算。不扣除间壁墙、垛、柱、附墙烟囱、检查口和管道所占的面积，扣除单个＞0.3 m² 的孔洞、独立柱及与天棚相连的窗帘盒所占的面积。

（3）格栅吊顶、藤条造型悬挂吊顶、织物软雕吊顶和装饰网架吊顶，按设计图示尺寸以水平投影面积计算。吊筒吊顶以最大外围水平投影尺寸，以外接矩形面积计算。

【案例 6-25】　某客厅的天棚平面图如图 6-19 所示，墙厚均为 240 mm，轴线均居中。根据设计要求对其天棚做间距为 300 mm×300 mm 的不上人型 U 形轻钢龙骨石膏板吊顶，满刮腻子后刷两遍乳胶漆（板缝要求贴胶带纸）。计算其天棚吊顶的工程量并进行定额组价和计算清单综合单价（管理费为人工费的 23.29%，附加税采用工程项目在市区，即人工费的 1.84%，利润为人工费的 15.99%，不考虑人材机调差）。

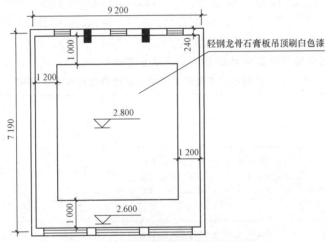

图 6-19　某客厅的天棚平面图

定额基价表请查找江西定额及统一基价表或扫描下方二维码获取。

江西定额及统一基价表

引导问题 1：天棚吊顶一般有哪几个构造层次？

_____

_____

引导问题 2：天棚吊顶的计算规则是什么？

_____

_____

引导问题 3：准确计算的基础知识有哪些？

_____

_____

小提示

（1）常见的天棚构造层次包括龙骨、基层和面层。

（2）天棚龙骨按主墙间水平投影面积计算，不扣除间壁墙、垛、柱、附墙烟囱、检查口和管道所占的面积，扣除单个＞0.3 m² 的孔洞、独立柱及与天棚相连的窗帘盒所占的面积。斜面龙骨按斜面计算。

▲●■

案例解答：

因天棚面层有高低落差，故为跌级天棚。

天棚龙骨 $S_龙$＝（9.2－0.24）×（7.19－0.24）＝62.27（m²）

天棚面层 $S_面$＝62.27＋[（9.2－0.24－1.2×2）＋（7.19－0.24－1×2）]×2×0.2＝66.87（m²）

注：这里，天棚面层按展开面积计算。

天棚吊顶部分项和措施项目清单综合单价计算见表 6-26。

表 6-26 天棚吊顶部分项和措施项目清单综合单价计算表

序号	定额编号	项目名称	单位	单价	
				定额单价	其中：人工单价
一	13—29	装配式 U 形轻钢天棚龙骨（不上人型）300 mm×300 mm 跌级	元/（100 m²）	5 712.74	1 500.77
二	小计			5 712.74	1 500.77
三	企业管理费	人工费×（10.05%＋0.83%）	元	163.28	
四	利润	人工费×7.41%	元	111.21	
五	定额工程量		m²	62.72	
六	龙骨费用	五×（二＋三＋四）	元	375 519.12	
七	13—101	石膏板安在 U 形轻钢龙骨上	元/（100 m²）	1 951.92	800.74
八	14—200	乳胶漆室内天棚面	元/（100 m²）	2 125.74	984.96
九	14—256	天棚面板缝粘贴胶带	元/（100 m²）	665.82	379.78
十	小计			4 743.48	2 165.48
十一	企业管理费	人工费×（10.05%＋0.83%）	元	235.60	
十二	利润	人工费×7.41%	元	160.46	
十三	定额工程量		m²	66.87	

续表

序号	定额编号	项目名称	单位	单价	
				定额单价	其中：人工单价
十四	面层费用	十三×（十＋十一＋十二）	元	343 681.46	
十五	总费用	六＋十四	元	719 200.58	
十六	清单工程量		m²	62.72	
十七	综合单价	十五÷十六/100	元/m²	114.67	

小提示

（1）天棚龙骨按主墙间水平投影面积计算，而天棚吊顶的基层和面层均按设计图示尺寸以展开面积计算。

（2）天棚龙骨一般有轻钢龙骨、铝合金龙骨、木龙骨等。

▲●■

拓展问题1：主墙间水平投影面积与展开面积有什么区别？

_____

_____

_____

_____

拓展问题2：常见的天棚龙骨材料有哪些？

_____

_____

_____

_____

_____

学与做

【案例6-26】　某建筑平面图如图6-20所示，采用间距为600 mm×600 mm的装配式T形（不上人型）铝合金龙骨，面层采用硅酸钙板吊顶，满刮腻子后刷两遍乳胶漆（板缝要求贴胶带纸）。计算其天棚吊顶的工程量并进行定额组价和计算清单综合单价（管理费为人工费的23.29%，附加税采用工程项目在市区，即人工费的1.84%，利润为人工费的15.99%，不考虑人材机调差）。

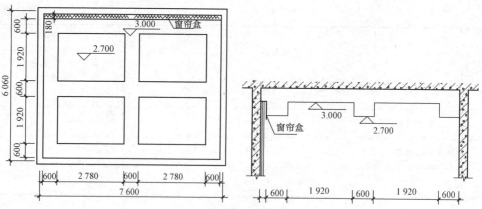

图 6-20　某建筑平面图

定额基价表请查找江西定额及统一基价表或扫描下方二维码获取。

江西定额及统一基价表

引导问题 1： 天棚面层高度不同的天棚吊顶如何计量与计价？

_____

_____

引导问题 2： 计算天棚工程量时是否需要扣除窗帘盒？

_____

_____

案例解答：

_____

_____

_____

_____

_____

案例解答

_____

_____

拓展问题 1： 天棚吊顶清单与定额计算的异同有哪些？

_____

_____

拓展问题 2： 龙骨与面层的计算区别有哪些？

_____

_____

【案例 6-27】 某大学礼堂的天棚平面图如图 6-21 所示，墙厚均为 240 mm，轴线居中。天棚龙骨采用间距为 600 mm×600 mm 的装配式不上人型 U 形轻钢龙骨，面层部分采用石膏板、部分采用硅酸钙板吊顶，满刮腻子后刷两遍乳胶漆（板缝要求贴胶带纸）。计算其天棚吊顶的工程量并进行定额组价和计算清单综合单价（管理费为人工费的 23.29%，附加税采用工程项目在市区，即人工费的 1.84%，利润为人工费的 15.99%，不考虑人材机调差）。

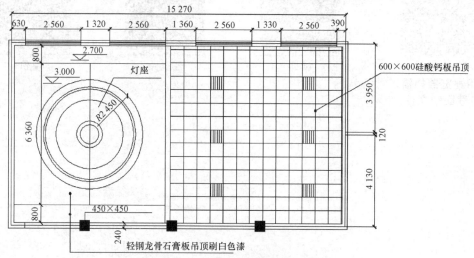

图 6-21 某大学礼堂的天棚平面图

定额基价表请查找江西定额及统一基价表或扫描下方二维码获取。

江西定额及统一基价表

案例解答：

_____

_____

_____

_____

_____

案例解答

 小提示

（1）天棚吊顶在清单中为包含龙骨、基层、面层的一个整体项目，两者不单独列项，而定额中龙骨、基层、面层为三个不同的分项，需单独列项并计算。

（2）天棚龙骨按主墙间净面积计算，而面层按实铺面积，可展开计算。

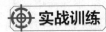 **实战训练**

计算住宅楼吊顶工程量。

图纸　　　　　　微课　　　　　　任务书　　　　　评价
（用浏览器扫描，
下载图纸文件）

任务十　门窗的计算

⊕ **教与学**

知识准备

一、清单计算规则

（1）木门清单计算规则见表 6-27。

表 6-27　木门清单计算规则

项目编码	项目名称	项目特征	计量单位	工程量计算规则	工作内容
010801001	木质门	1. 门代号及洞口尺寸； 2. 镶嵌玻璃品种、厚度	1. 樘； 2. m²	1. 以樘计量，按设计图示数量计算； 2. 以平方米计量，按设计图示洞口尺寸以面积计算	1. 门安装； 2. 玻璃安装； 3. 五金安装
010801002	木质门带套				
010801003	木质连窗门				
010801004	木质防火门				
010801005	木门框	1. 门代号及洞口尺寸； 2. 框截面尺寸； 3. 防护材料种类	1. 樘； 2. m	1. 以樘计量，按设计图示数量计算； 2. 以平方米计量，按设计图示框的中心线以延长米计算	1. 木门框制作、安装； 2. 运输； 3. 刷防护材料
010801006	门锁安装	1. 锁品种； 2. 锁规格	个（套）	按设计图示数量计算	安装

注：①木质门应区分镶板木门、企口木板门、实木装饰门、胶合板门、夹板装饰门、木纱门、全玻门（带木质扇框）、木质半玻门（带木质扇框）等项目，分别编码列项。

②木门五金应包括折页、插销、门碰珠、弓背拉手、搭机、木螺钉、弹簧折页（自动门）、管子拉手（自由门、地弹门）、地弹簧（地弹门）、角铁、门轧头（地弹门、自由门）等。

③木质门带套计量按洞口尺寸以面积计算，不包括门套的面积。

④以樘计量，项目特征必须描述洞口尺寸；以平方米计量，项目特征可不描述洞口尺寸。

⑤单独制作安装木门框按木门框项目编码列项。

（2）金属门清单计算规则见表6-28。

表6-28　金属门清单计算规则

项目编码	项目名称	项目特征	计量单位	工程量计算规则	工作内容
010802001	金属（塑钢）门	1. 门代号及洞口尺寸； 2. 门框或扇外围尺寸； 3. 门框、扇材质； 4. 玻璃品种、厚度	1. 樘； 2. m²	1. 以樘计量，按设计图示数量计算； 2. 以平方米计量，按设计图示洞口尺寸以面积计算	1. 门安装； 2. 五金安装； 3. 玻璃安装
010802002	彩板门	1. 门代号及洞口尺寸； 2. 门框或扇外围尺寸			
010802003	钢质防火门	1. 门代号及洞口尺寸； 2. 门框或扇外围尺寸； 3. 门框、扇材质			
010802004	防盗门	1. 门代号及洞口尺寸； 2. 门框或扇外围尺寸； 3. 门框、扇材质			1. 门安装； 2. 五金安装

注：①金属门应区分金属平开门、金属推拉门、金属地弹门、全玻门（带金属扇框）、金属半玻门（带扇框）等项目，分别编码列项。

②铝合金门五金包括地弹簧、门锁、拉手、门插、门铰、螺钉等。

③金属门五金包括L形执手插锁（双舌）、执手锁（单舌）、门轨头、地锁、防盗门机、门眼（猫眼）、门碰珠、电子锁（磁卡锁）、闭门器、装饰拉手等。

④以樘计量，项目特征必须描述洞口尺寸，没有洞口尺寸必须描述门框或扇外围尺寸，以平方米计量，项目特征可不描述洞口尺寸及框、扇的外围尺寸。

⑤以平方米计量，无设计图示洞口尺寸，按门框、扇外围以面积计算。

（3）木窗清单计算规则见表6-29。

表6-29　木窗清单计算规则

项目编码	项目名称	项目特征	计量单位	工程量计算规则	工作内容
010806001	木质窗	1. 窗代号及洞口尺寸； 2. 玻璃品种、厚度	1. 樘； 2. m²	1. 以樘计量，按设计图示数量计算； 2. 以平方米计量，按设计图示洞口尺寸以面积计算	1. 窗安装； 2. 五金、玻璃安装
010806002	木飘（凸）窗			1. 以樘计量，按设计图示数量计算； 2. 以平方米计量，按设计图示尺寸以框外围展开面积计算	
010806003	木橱窗	1. 窗代号； 2. 框截面及外围展开面积； 3. 玻璃品种、厚度； 4. 防护材料种类			1. 窗制作、运输、安装； 2. 五金、玻璃安装； 3. 刷防护材料
010806004	木纱窗	1. 窗代号及框的外围尺寸； 2. 窗纱材料品种、规格		1. 以樘计量，按设计图示数量计算； 2. 以平方米计量，按框的外围尺寸以面积计算	1. 窗安装； 2. 五金安装

注：①木质窗应区分木百叶窗、木组合窗、木天窗、木固定窗、木装饰空花窗等项目，分别编码列项。

②以樘计量，项目特征必须描述洞口尺寸，没有洞口尺寸必须描述窗框外围尺寸；以平方米计量，项目特征可不描述洞口尺寸及框的外围尺寸。

③以平方米计量，无设计图示洞口尺寸，按窗框外围以面积计算。

④木橱窗、木飘（凸）窗以樘计量，项目特征必须描述框截面及外围展开面积。

⑤木窗五金包括折页、插销、风钩、木螺钉、滑轮滑轨（推拉窗）等。

（4）金属窗清单计算规则见表 6-30。

表 6-30 金属窗清单计算规则

项目编码	项目名称	项目特征	计量单位	工程量计算规则	工作内容
010807001	金属（塑钢、断桥）窗	1. 窗代号及洞口尺寸； 2. 框、扇材质； 3. 玻璃品种、厚度	1. 樘； 2. m²	1. 以樘计量，按设计图示数量计算； 2. 以平方米计量，按设计图示洞口尺寸以面积计算	1. 窗安装； 2. 五金、玻璃安装
010807002	金属防火窗				
010807003	金属百叶窗				
010807004	金属纱窗	1. 窗代号及洞口尺寸； 2. 框材质； 3. 窗纱材料品种、规格		1. 以樘计量，按设计图示数量计算； 2. 以平方米计量，按框的外围尺寸以面积计算	1. 窗安装； 2. 五金安装
010807005	金属格栅窗	1. 窗代号及洞口尺寸； 2. 框外围尺寸； 3. 框、扇材质		1. 以樘计量，按设计图示数量计算； 2. 以平方米计量，按设计图示洞口尺寸以面积计算	1. 窗安装； 2. 五金安装
010807006	金属（塑钢、断桥）橱窗	1. 窗代号； 2. 框外围展开面积； 3. 框、扇材质； 4. 玻璃品种、厚度； 5. 防护材料种类	1. 樘； 2. m²	1. 以樘计量，按设计图示数量计算； 2. 以平方米计量，按设计图示尺寸以框外围展开面积计算	1. 窗制作、运输、安装； 2. 五金、玻璃安装； 3. 刷防护材料
010807007	金属（塑钢、断桥）飘（凸）窗	1. 窗代号； 2. 框外围展开面积； 3. 框、扇材质； 4. 玻璃品种、厚度			1. 窗安装； 2. 五金、玻璃安装
010807008	彩板窗	1. 窗代号及洞口尺寸； 2. 框外围尺寸； 3. 框、扇材质； 4. 玻璃品种、厚度		1. 以樘计量，按设计图示数量计算； 2. 以平方米计量，按设计图示洞口尺寸或框外围以面积计算	

注：①金属窗应区分金属组合窗、防盗窗等项目，分别编码列项。

②以樘计量，项目特征必须描述洞口尺寸，没有洞口尺寸必须描述窗框外围尺寸；以平方米计量，项目特征可不描述洞口尺寸及框的外围尺寸。

③以平方米计量，无设计图示洞口尺寸，按窗框外围以面积计算。

④金属橱窗、飘（凸）窗以樘计量，项目特征必须描述框外围展开面积。

⑤金属窗五金包括折页、螺钉、执手、卡锁、风撑、滑轮、滑轨、拉把、拉手、角码、牛角制等。

二、定额计算规则

1. 木门

(1) 成品木门框安装按设计图示框的中心线长度计算。

(2) 成品木门扇安装按设计图示扇面积计算。

(3) 成品套装木门安装按设计图示数量计算。

(4) 木质防火门安装按设计图示洞口面积计算。

2. 金属门、窗

(1) 铝合金门窗（飘窗、阳台封闭窗除外）、塑钢门窗均按设计图示门、窗洞口面积计算。

(2) 门连窗按设计图示洞口面积分别计算门、窗面积，其中窗的宽度算至门框的外边线。

(3) 纱窗扇按设计图示扇外围面积计算。

(4) 飘窗、阳台封闭窗按设计图示框型材外边线尺寸以展开面积计算。

(5) 钢质防火门、防盗门按设计图示门洞口面积计算。

(6) 防盗窗按设计图示窗框外围面积计算。

(7) 彩板钢门窗按设计图示门、窗洞口面积计算。彩板钢门窗附框按框中心线长度计算。

【案例 6-28】　建筑内木门尺寸如图 6-4 所示，门高为 2 100 mm。计算该成品木门安装的工程量并对其进行定额组价和清单组价（管理费为人工费的 23.29%，附加税采用工程项目在市区，即人工费的 1.84%，利润为人工费的 15.99%，不考虑人材机调差）。

定额基价表请查找江西定额及统一基价表或扫描下方二维码获取。

江西定额及统一基价表

引导问题 1： 木门窗一般要计算哪些子目？

_____

_____

引导问题 2： 木门窗的计算规则是什么？

_____

_____

_____

引导问题 3：准确计算的基础知识有哪些？

小提示

（1）木门窗一般按成品门考虑，只需计算门窗安装。

（2）成品木门框安装按设计图示框的中心线长度计算。成品木门扇安装按设计图示扇面积计算。成品套装木门安装按设计图示数量计算。

▲●■

案例解答：

木门扇 $S_{门扇}=0.9×2.1×2=3.78$（m^2）

木门框 $S_{门框}=（0.9+2.1×2）×2=10.2$（$m^2$）

门窗分部分项和措施项目清单综合单价计算见表6-31。

表 6-31　门窗分部分项和措施项目清单综合单价计算表

序号	定额编号	项目名称	单位	单价	
				定额单价	其中：人工单价
一	8—1	成品木门扇	元/（100 m²）	46 998.14	1 126.18
二	小计			46 998.14	1 126.18
三	企业管理费	人工费×（10.05%+0.83%）	元	122.53	
四	利润	人工费×7.41%	元	83.45	
五	定额工程量		m²	3.78	
六	龙骨费用	五×（二+三+四）	元	178 431.57	
七	8—2	成品木门框	元/（100 m）	5 569.7	455.33
八	小计			5 569.70	455.33
九	企业管理费	人工费×（10.05%+0.83%）	元	49.54	
十	利润	人工费×7.41%	元	33.74	
十一	定额工程量		m	10.20	
十二	面层费用	十一×（八+九+十）	元	57 660.39	
十三	总费用	六+十二	元	236 091.96	
十四	清单工程量		m²	3.78	
十五	综合单价	十三÷十四/100	元/m²	624.58	

小提示

（1）成品套装门安装包括门套和门扇的安装。成品套装木门安装按设计图示数量计算。

（2）成品木门（扇）安装项目中五，金配件的安装仅包含合页安装人工费和合页材料费，设计要求的其他五金另算。

▲●■

拓展问题 1： 木门窗框料粗细不同是否影响计价？

_____

_____

拓展问题 2： 定额中木材有哪些类别？不同类别是否影响计价？

_____

_____

_____

学与做

【**案例 6-29**】　某单层建筑物外墙轴线尺寸如图 6-22 所示，铝合金门尺寸为 900 mm×2 100 mm，铝合金窗尺寸如图 6-22 所示，轴线居中。计算该门窗安装的工程量并对其进行定额组价和清单组价（管理费为人工费的 23.29%，附加税采用工程项目在市区，即人工费的 1.84%，利润为人工费的 15.99%，不考虑人材机调差）。

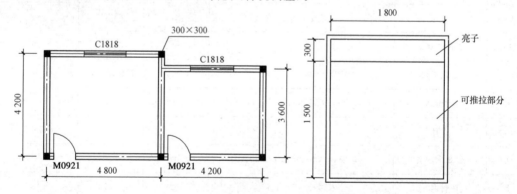

图 6-22　某单层建筑物外墙轴线尺寸

定额基价表请查找江西定额及统一基价表或扫描下方二维码获取。

江西定额及统一基价表

引导问题 1：铝合金门窗如何计算工程量？

_____

_____

_____

引导问题 2：从市场上买来的成品铝合金窗计算什么工程量？

_____

_____

_____

💡 **小提示**

（1）现制的铝合金门窗要计算其制作、安装及其五金。

（2）成品铝合金门窗只需计算其安装工程量。

▲●■

案例解答：

_____

_____

_____

_____

案例解答

_____

_____

_____

💡 **小提示**

（1）不锈钢防盗网按展开面积计算。

（2）纱窗按其扇外围面积计算，一般为推拉窗面积的 1/3 左右。

▲●■

拓展问题 1：不锈钢防盗网如何计算工程量？

_____

_____

_____

拓展问题 2：纱窗如何计算工程量？

_____

_____

_____

【案例 6-30】　某学校教室的建筑平面图如图 6-6 所示，窗为铝合金窗，门为塑钢门，轴线居中。计算该门窗安装的工程量并对其进行定额组价和清单组价（管理费为人工费的 23.29%，附加税采用工程项目在市区，即人工费的 1.84%，利润为人工费的 15.99%，不考虑人材机调差）。

定额基价表请查找江西定额及统一基价表或扫描下方二维码获取。

江西定额及统一基价表

案例解答：

_____

_____

_____

_____

案例解答

 总结拓展

（1）门窗清单包含制作、安装、运输等的一个整体项目，因此，其制作、安装、运输在清单中不再单独列项；在定额中则是不同的分项子目，而单独列项计算。

（2）从理论上说，木门窗按门窗洞口面积计算，铝合金门窗则按框外围面积计算；而在预算实务中通常都按图纸上的门窗洞口面积计算。

▲●■

实战训练

计算住宅楼门窗工程量。

图纸　　　　　　　微课　　　　　　　任务书　　　　　　　评价

（用浏览器扫描，
下载图纸文件）

任务十一 油漆、涂料与裱糊的计算

教与学

知识准备

一、清单计算规则

(1) 门油漆清单计算规则见表 6-32。

表 6-32 门油漆清单计算规则

项目编码	项目名称	项目特征	计量单位	工程量计算规则	工作内容
011401001	木门油漆	1. 门类型； 2. 门代号及洞口尺寸； 3. 腻子种类； 4. 刮腻子遍数； 5. 防护材料种类； 6. 油漆品种、刷漆遍数	1. 樘 2. m²	1. 以樘计量，按设计图示数量计量； 2. 以平方米计量，按设计图示洞口尺寸以面积计算	1. 基层清理； 2. 刮腻子； 3. 刷防护材料、油漆
011401002	金属门油漆				1. 除锈、基层清理； 2. 刮腻子； 3. 刷防护材料、油漆

注：①木门油漆应区分木大门、单层木门、双层（一玻一纱）木门、双层（单裁口）木门、全玻自由门、半玻自由门、装饰门及有框门或无框门等项目，分别编码列项。
②金属门油漆应区分平开门、推拉门、钢制防火门等项目，分别编码列项。
③以平方米计量，项目特征可不必描述洞口尺寸。

(2) 窗油漆清单计算规则见表 6-33。

表 6-33 窗油漆清单计算规则

项目编码	项目名称	项目特征	计量单位	工程量计算规则	工作内容
011402001	木窗油漆	1. 窗类型； 2. 窗代号及洞口尺寸； 3. 腻子种类； 4. 刮腻子遍数； 5. 防护材料种类； 6. 油漆品种、刷漆遍数	1. 樘； 2. m²	1. 以樘计量，按设计图示数量计量； 2. 以平方米计量，按设计图示洞口尺寸以面积计算	1. 基层清理； 2. 刮腻子； 3. 刷防护材料、油漆
011402002	金属窗油漆				1. 除锈、基层清理； 2. 刮腻子； 3. 刷防护材料、油漆

注：①木窗油漆应区分单层木门、双层（一玻一纱）木窗、双层框扇（单裁口）木窗、双层框三层（二玻一纱）木窗、单层组合窗、双层组合窗、木百叶窗、木推拉窗等项目，分别编码列项。
②金属窗油漆应区分平开窗、推拉窗、固定窗、组合窗、金属隔栅窗等项目，分别编码列项。
③以平方米计量，项目特征可不必描述洞口尺寸。

（3）木扶手及其他板条、线条油漆清单计算规则见表 6-34。

表 6-34　木扶手及其他板条、线条油漆清单计算规则

项目编码	项目名称	项目特征	计量单位	工程量计算规则	工作内容
011403001	木扶手油漆	1. 断面尺寸； 2. 腻子种类； 3. 刮腻子遍数； 4. 防护材料种类； 5. 油漆品种、刷漆遍数	m	按设计图示尺寸以长度计算	1. 基层清理； 2. 刮腻子； 3. 刷防护材料、油漆
011403002	窗帘盒油漆				
011403003	封檐板、顺水板油漆				
011403004	挂衣板、黑板框油漆				
011403005	挂镜线、窗帘棍、单独木线油漆				

注：木扶手应区分带托板与不带托板，分别编码列项，若是木栏杆带扶手，木扶手不应单独列项，应包含在木栏杆油漆中。

（4）木材面油漆清单计算规则见表 6-35。

表 6-35　木材面油漆清单计算规则

项目编码	项目名称	项目特征	计量单位	工程量计算规则	工作内容
011404001	木护墙、木墙裙油漆	1. 腻子种类； 2. 刮腻子遍数； 3. 防护材料种类； 4. 油漆品种、刷漆遍数	m²	按设计图示尺寸以面积计算	1. 基层清理； 2. 刮腻子； 3. 刷防护材料、油漆
011404002	窗台板、筒子板、盖板、门窗套、踢脚线油漆				
011404003	清水板条天棚、檐口油漆				
011404004	木方格吊顶天棚油漆				
011404005	吸声板墙面、天棚面油漆				
011404006	暖气罩油漆				
011404007	其他木材面				

（5）金属面油漆清单计算规则见表6-36。

表 6-36 金属面油漆清单计算规则

项目编码	项目名称	项目特征	计量单位	工程量计算规则	工作内容
011405001	金属面油漆	1. 构件名称； 2. 腻子种类； 3. 刮腻子要求； 4. 防护材料种类； 5. 油漆品种、刷漆遍数	1. t； 2. m²	1. 以吨计量，按设计图示尺寸以质量计算； 2. 以平方米计量，按设计展开面积计算	1. 基层清理； 2. 刮腻子； 3. 刷防护材料、油漆

（6）抹灰面油漆清单计算规则见表6-37。

表 6-37 抹灰面油漆清单计算规则

项目编码	项目名称	项目特征	计量单位	工程量计算规则	工作内容
011406001	抹灰面油漆	1. 基层类型； 2. 腻子种类； 3. 刮腻子遍数； 4. 防护材料种类； 5. 油漆品种、刷漆遍数； 6. 部位	m²	按设计图示尺寸以面积计算	1. 基层清理； 2. 刮腻子； 3. 刷防护材料、油漆
011406002	抹灰线条油漆	1. 线条宽度、道数； 2. 腻子种类； 3. 刮腻子遍数； 4. 防护材料种类； 5. 油漆品种、刷漆遍数	m	按设计图示尺寸以长度计算	
011406003	满刮腻子	1. 基层类型； 2. 腻子种类； 3. 刮腻子遍数	m²	按设计图示尺寸以面积计算	1. 基层清理； 2. 刮腻子

（7）喷刷漆料清单计算规则见表6-38。

表6-38　喷刷漆料清单计算规则

项目编码	项目名称	项目特征	计量单位	工程量计算规则	工作内容
011407001	墙面喷刷涂料	1. 基层类型； 2. 喷刷涂料部位； 3. 腻子种类； 4. 刮腻子要求； 5. 涂料品种、喷刷遍数	m²	按设计图示尺寸以面积计算	1. 基层清理； 2. 刮腻子； 3. 刷、喷涂料
011407002	天棚喷刷涂料				
011407003	空花格、栏杆刷涂料	1. 腻子种类； 2. 刮腻子遍数； 3. 涂料品种、刷喷遍数	m²	按设计图示尺寸以单面外围面积计算	1. 基层清理； 2. 刮腻子； 3. 刷、喷涂料
011407004	线条刷涂料	1. 基层清理； 2. 线条宽度； 3. 刮腻子遍数； 4. 刷防护材料、油漆	m	按设计图示尺寸以长度计算	
011407005	金属构件刷防火涂料	1. 喷刷防火涂料构件名称； 2. 防火等级要求； 3. 涂料品种、喷刷遍数	1. m²； 2. t	1. 以吨计量，按设计图示尺寸以质量计算。 2. 以平方米计量，按设计展开面积计算	1. 基层清理； 2. 刷防护材料、油漆
011407006	木材构件喷刷防火涂料		m²	以平方米计量，按设计图示尺寸以面积计算	1. 基层清理； 2. 刷防火材料

注：喷刷墙面涂料部位要注明内墙或外墙。

（8）裱糊清单计算规则见表6-39。

表6-39　裱糊清单计算规则

项目编码	项目名称	项目特征	计量单位	工程量计算规则	工作内容
011408001	墙纸裱糊	1. 基层类型； 2. 裱糊部位； 3. 腻子种类； 4. 刮腻子遍数； 5. 粘结材料种类； 6. 防护材料种类； 7. 面层材料品种、规格、颜色	m²	按设计图示尺寸以面积计算	1. 基层清理； 2. 刮腻子； 3. 面层铺粘； 4. 刷防护材料

二、定额计算规则

（1）木门油漆的工程量按木门洞口面积计算，多面涂刷按单面计算工程量。

（2）木扶手及其他板条、线条油漆工程按设计图示尺寸以延长米计算。

（3）木地板油漆按设计图示尺寸以面积计算，空洞、空圈、暖气包槽、壁龛的开口部分并入相应的工程量。

（4）木龙骨刷防火、防腐涂料按设计图示尺寸以龙骨架投影面积计算。

（5）基层板刷防火、防腐涂料按实际涂刷面积计算。

（6）油漆面抛光打蜡按相应刷油部位油漆工程量计算规则计算。

（7）金属面油漆工程量按设计图示尺寸以展开面积计算。质量在 500 kg 以内的单个金属构件，可参考相应的系数，将质量（t）折算为面积。多面涂刷按单面计算工程量。

（8）抹灰面油漆、涂料（另做说明的除外）按设计图示尺寸以面积计算。

（9）踢脚线刷耐磨漆按设计图示尺寸长度计算。

（10）槽形底板、混凝土折瓦板、有梁板底、密肋梁板底、井字梁板底刷油漆、涂料按设计图示尺寸展开面积计算。

（11）墙面及天棚面刷石灰油浆、白水泥、石灰浆、石灰大白浆、普通水泥浆、可赛银浆、大白浆等涂料工程量按抹灰面积工程量计算规则计算。

（12）混凝土花格窗、栏杆花饰刷（喷）油漆、涂料按设计图示洞口面积计算。

（13）天棚、墙、柱面基层板缝粘贴胶带纸按相应天棚、墙、柱面基层板面积计算。

（14）墙面、天棚面裱糊按设计图示尺寸以面积计算。

【案例 6-31】 如图 6-4 所示，建筑内单层木门高为 2 100 mm。根据设计要求，木门油漆做法为润油粉、满刮腻子、调和漆两遍。试计算该木门油漆工程量并对其进行定额组价和清单组价（管理费为人工费的 10.05％，附加税采用工程项目在市区，即人工费的 0.83％，利润为人工费的 7.41％，不考虑人材机调差）。

定额基价表请查找江西定额及统一基价表或扫描下方二维码获取。

江西定额及统一基价表

引导问题 1：常见的木材面油漆要计算哪些部位？

_____

_____

_____

引导问题 2：木材面油漆的计算规则是什么？

_____

_____

_____

引导问题 3：准确计算的基础知识有哪些？

_____

_____

_____

小提示

（1）常见的木材面油漆要计算木门窗、木扶手、窗帘盒、木地板、木墙裙及木楼梯等。

（2）木门窗油漆按单面洞口面积计算，木扶手及窗帘盒油漆按延长米计算，木地板油漆按长乘以宽计算，木楼梯油漆按其水平投影面积计算。

▲●■

案例解答：

$S_门 = 0.9 \times 2.1 \times 2 = 3.78$（m²）

木门油漆分部分项和措施项目清单综合单价计算见表6-40。

表6-40　木门油漆分部分项和措施项目清单综合单价计算表

序号	定额编号	项目名称	单位	单价	
				定额单价	其中：人工单价
一	14-2	单层木门润油粉、满刮腻子、调和漆二遍	元/（100 m²）	2 655.02	2 032.99
二	小计			2 655.02	2 032.99
三	企业管理费	人工费×（10.05%+0.83%）	元	221.19	
四	利润	人工费×7.41%	元	150.64	
五	定额工程量		m²	3.78	
六	总费用	五×（二+三+四）	元	11 441.51	
七	清单工程量		m²	3.78	
八	综合单价	六÷七/100	元/m²	30.27	

 小提示

（1）定额内规定的喷、涂、刷遍数与设计要求不同时，可按每增加一遍定额项目进行调整。

（2）油漆除木材面油漆外，还有抹灰面和金属面油漆。

▲●■

拓展问题1： 油漆遍数不同是否会影响计价？

_____

_____

_____

拓展问题 2：油漆按不同基层类型分有哪些类型？

_____

_____

_____

_____

_____

学与做

【案例 6-32】　某单层建筑物轴线尺寸如图 6-5 所示，墙厚均为 240 mm，轴线居中。根据设计要求，内墙乳胶漆做法为满刮腻子两遍、乳胶漆两遍。试计算该墙面乳胶漆工程量并对其进行定额组价和清单组价（管理费为人工费的 10.05%，附加税采用工程项目在市区，即人工费的 0.83%，利润为人工费的 7.41%，不考虑人材机调差）。

定额基价表请查找江西定额及统一基价表或扫描下方二维码获取。

江西定额及统一基价表

引导问题 1：抹灰面油漆涂料施工之前为什么要进行基层处理？

_____

_____

_____

_____

_____

引导问题 2：抹灰面油漆、涂料、裱糊如何计算工程量？

_____

_____

_____

_____

_____

_____

小提示

（1）油漆涂料之前进行基层处理的目的主要是装饰的效果。

（2）楼地面、天棚、墙、柱、梁面油漆涂料裱糊按其展开面积计算。

▲●■

案例解答：

_____

_____

_____

_____

_____

_____

案例解答

拓展问题：金属面油漆如何计算工程量？

_____

_____

_____

_____

_____

【案例 6-33】　　某学校教室的建筑平面图如图 6-6 所示，墙厚均为 240 mm，层净高为 3 900 m，门窗框厚为 60 mm，门框平齐外侧，窗框居中，轴线居中，讲台厚为 200 mm。根据设计要求，内墙乳胶漆做法为满刮腻子两遍、乳胶漆两遍，钢门刷调合漆两遍。试计算该墙面工程量并对其进行定额组价和清单组价（管理费为人工费的 10.05%，附加税采用工程项目在市区，即人工费的 0.83%，利润为人工费的 7.41%，不考虑人材机调差）。

案例解答：

_____

_____

_____

_____

_____

_____

_____

_____

_____

案例解答

总结拓展

（1）油漆涂料裱糊工程清单与定额计算规则相同，但清单油漆涂料裱糊包含基层处理，因此清单相当于包含两个定额分项：油漆涂料裱糊面层及基层处理。

（2）抹灰面油漆涂料裱糊工程量其实等于其抹灰面积。

▲●■

⊕ 实战训练

计算住宅楼油漆涂料裱糊工程量。

图纸

(用浏览器扫描，
下载图纸文件)

微课

任务书

评价

任务十二 零星工程的计算

教与学

知识准备

一、清单计算规则

（1）装饰线清单计算规则见表 6-41。

表 6-41 装饰线清单计算规则

项目编码	项目名称	项目特征	计量单位	工程量计算规则	工作内容
011502001	金属装饰线	1. 基层类型； 2. 线条材料品种、规格、颜色； 3. 防护材料种类	m	按设计图示尺寸以长度计算	1. 线条制作、安装； 2. 刷防护材料
011502002	木质装饰线				
011502003	石材装饰线				
011502004	石膏装饰线				
011502005	镜面玻璃线				
011502006	铝塑装饰线				
011502007	塑料装饰线				

（2）浴厕配件清单计算规则见表 6-42。

表 6-42 浴厕配件清单计算规则

项目编码	项目名称	项目特征	计量单位	工程量计算规则	工作内容
011505001	洗漱台	1. 材料品种、规格、颜色； 2. 支架、配件品种、规格	1. m^2； 2. 个	1. 按设计图示尺寸以台面外接矩形面积计算。不扣除孔洞、挖弯、削角所占面积，挡板、吊沿板面积并入台面面积。 2. 按设计图示数量计算	1. 台面及支架、运输、安装； 2. 杆、环、盒、配件安装； 3. 刷油漆
011505002	晒衣架		个	按设计图示数量计算	
011505003	帘子杆				
011505004	浴缸拉手、				
011505005	卫生间扶手				

续表

项目编码	项目名称	项目特征	计量单位	工程量计算规则	工作内容
011505006	毛巾杆（架）	1. 材料品种、规格、品牌、颜色； 2. 支架、配件品种、规格、品牌	套	按设计图示数量计算	1. 台面及支架制作、运输、安装； 2. 杆、环、盒、配件安装； 3. 刷油漆
011505007	毛巾环		副		
011505008	卫生纸盒		个		
011505009	肥皂盒				
011505010	镜面玻璃	1. 镜面玻璃品种、规格； 2. 框材质、断面尺寸； 3. 基层材料种类； 4. 防护材料种类	m²	按设计图示尺寸以边框外围面积计算	1. 基层安装； 2. 玻璃及框制作、运输、安装
011505011	镜箱	1. 箱体材质、规格； 2. 玻璃品种、规格； 3. 基层材料种类； 4. 防护材料种类； 5. 油漆品种、刷漆遍数	个	按设计图示数量计算	1. 基层安装； 2. 箱体制作、运输、安装； 3. 玻璃安装； 4. 刷防护材料、油漆

（3）美术字清单计算规则见表 6-43。

表 6-43　美术字清单计算规则

项目编码	项目名称	项目特征	计量单位	工程量计算规则	工作内容
011508001	泡沫塑料字	1. 基层类型； 2. 镌字材料品种、颜色； 3. 字体规格； 4. 固定方式； 5. 油漆品种、刷漆遍数	个	按设计图示数量计算	1. 字制作、运输、安装； 2. 刷油漆
011508002	有机玻璃字				
011508003	木质字				
011508004	金属字				
011508005	吸塑字				

二、定额计算规则

1. 压条、装饰线

（1）压条、装饰线条按线条中心线长度计算。

（2）石膏角花、灯盘按设计图示数量计算。

2. 扶手、栏杆、栏板装饰

（1）扶手、栏杆、栏板、成品栏杆（带扶手）均按其中心线长度计算，不扣除弯头长度。如遇木扶手、大理石扶手为整体弯头时，扶手消耗量需扣除整体弯头的长度，设计不明确者，每只整体弯头按 400 mm 扣除。

（2）单独弯头按设计图示数量计算。

3. 浴厕配件

（1）大理石洗漱台按设计图示尺寸以展开面积计算，挡板、吊沿板面积并入其中，不扣除孔洞、挖弯、削角所占面积。

（2）大理石台面面盆开孔按设计图示数量计算。

（3）盥洗室台镜（带框）、盥洗室木镜箱按边框外围面积计算。

（4）盥洗室塑料镜箱、毛巾杆、毛巾环、浴帘杆、浴缸拉手、肥皂盒、卫生纸盒、晒衣架、晾衣绳等按设计图示数量计算。

4. 美术字

美术字按设计图示数量计算。

5. 石材、瓷砖加工

（1）石材、瓷砖倒角按块料设计倒角长度计算。

（2）石材磨边按成型圆边长度计算。

（3）石材开槽按块料成型开槽长度计算。

（4）石材、瓷砖开孔按成型孔洞数量计算。

【案例 6-34】 建筑平、立面图如图 6-23 所示，墙厚均为 200 mm，轴线居中，屋檐板周边 100 mm。根据设计要求，屋檐板周边做瓷砖贴面。试计算该瓷砖线条工程量并对其进行定额组价和清单组价（管理费为人工费的 10.05%，附加税采用工程项目在市区，即人工费的 0.83%，利润为人工费的 7.41%，不考虑人材机调差）。

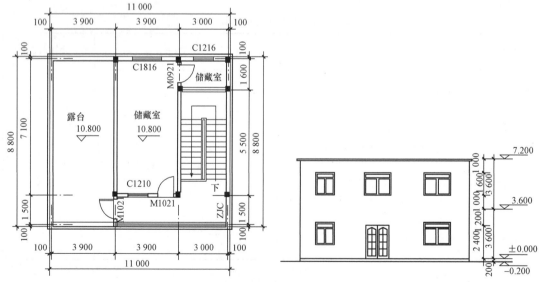

图 6-23 建筑平、立面图

定额基价表请查找江西定额及统一基价表或扫描下方二维码获取。

江西定额及统一基价表

引导问题1：该屋面板挑檐周边为什么应算作装饰线?

_____

_____

_____

引导问题2：装饰线的工程量计算规则是什么?

_____

_____

_____

引导问题3：准确计算的基础知识有哪些?

_____

_____

_____

小提示

（1）屋檐周边粘贴的线条为成品瓷砖线条，因此应按瓷砖线条考虑，如果是小块瓷砖镶贴，则应按零星块料考虑。

（2）装饰线条抹灰按设计图示尺寸以长度计算，"零星项目"块料按设计图示尺寸以展开面积计算。

▲●■

案例解答：

$L = (11+0.2+0.1 \times 2) \times 2 + (8.8+0.2+0.1 \times 2) \times 2 = 41.20$（m）

装饰线条分部分项和措施项目清单综合单价计算见表6-44。

表6-44　装饰线条分部分项和措施项目清单综合单价计算表

序号	定额编号	项目名称	单位	单价	
				定额单价	其中：人工单价
一	15—63	砂浆粘贴瓷砖线条	元/（100 m）	2 406	528
二	小计			2 406.00	528
三	企业管理费	人工费×（10.05%+0.83%）	元	57.45	
四	利润	人工费×7.41%	元	39.12	
五	定额工程量		m	41.20	
六	总费用	五×（二+三+四）	元	103 105.93	
七	清单工程量		m	41.20	
八	综合单价	六÷七/100	元/m	25.03	

 **小提示**

（1）屋面板挑檐底面应按天棚抹灰计算。

（2）装饰线条按延长米计算。

▲●■

拓展问题 1：屋面板挑檐底面抹灰应算作什么？

_____

_____

_____

拓展问题 2：装饰线条与零星抹灰的工程量计算区别是什么？

_____

_____

_____

学与做

【**案例 6-35**】　某男卫生间平面图如图 6-24 所示，墙厚均为 240 mm，轴线居中。根据设计要求，大、小便器隔板为不锈钢磨砂玻璃，大、小便器隔板高分别是 1 800 mm、1 400 mm，卫生纸盒为成品不锈钢纸盒，挡墙装饰线条为 50 mm 宽铝合金角线，试计算该卫生间隔板、卫生线盒和装饰线条工程量并对其进行定额组价和清单组价（管理费为人工费的 10.05%，附加税采用工程项目在市区，即人工费的 0.83%，利润为人工费的 7.41%，不考虑人材机调差）。

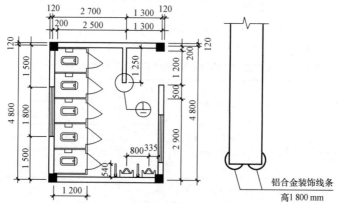

图 6-24　某男卫生间平面图

定额基价表请查找江西定额及统一基价表或扫描下方二维码获取。

江西定额及统一基价表

引导问题 1： 大、小便器隔板的计算规则是什么？

_____

_____

引导问题 2： 大便蹲位隔板上的门如何计算工程量？

_____

_____

引导问题 3： 卫生纸盒如何计算工程量？

_____

_____

引导问题 4： 金属装饰条如何计算工程量？

_____

_____

💡 **小提示**

（1）大、小便器的隔板按其展开面积计算，隔板上门如与隔板材质相同，则一并以面积计算。

（2）卫生纸盒以个计。

（3）金属装饰条以延长米计。

▲●■

案例解答：

_____

_____

_____

_____

案例解答

拓展问题： 大、小便器如何计量？

_____

_____

【案例 6-36】　某洗漱台平面图如图 6-25 所示。根据设计要求，台板边要磨制成半圆边，洗漱台上开两个圆弧形孔洞。试计算该洗漱台磨边、开孔工程量并对其进行定额组价和清单组价（管理费为人工费的 10.05％，附加税采用工程项目在市区，即人工费的 0.83％，利润为人工费的 7.41％，不考虑人材机调差）。

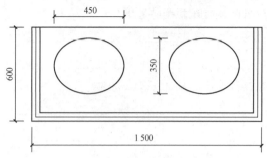

图 6-25　某洗漱台平面图

定额基价表请查找江西定额及统一基价表或扫描下方二维码获取。

江西定额及统一基价表

案例解答：

_____

_____

_____

_____

案例解答

 总结拓展

（1）零星项目计量比较繁杂，但有一个基本规律，面状构件的按面积计，条状构件按长度计，零星小构件按物理单位计量。

（2）玻璃及石材磨边按磨边形状以长度计，开洞按个计。

▲●■

实战训练

计算住宅楼零星工程量。

图纸　　　　　微课（一）　　　　微课（二）　　　　任务书　　　　　评价
（用浏览器扫描，
下载图纸文件）

任务十三　超高增加费的计算

 教与学

知识准备

一、清单计算规则

超高施工增加清单计算规则见表 6-45。

表 6-45　超高施工增加清单计算规则

项目编码	项目名称	项目特征	计量单位	工程量计算规则	工作内容
011704001	超高施工增加	1. 建筑物建筑类型及结构形式； 2. 建筑物檐口高度、层数； 3. 单层建筑物檐口高度超过 20 m，多层建筑物超过 6 层部分的建筑面积	m²	按建筑物超高部分的建筑面积计算	1. 建筑物超高引起的人工工效降低以及由于人工工效降低引起的机械降效； 2. 高层施工用水加压水泵的安装、拆除及工作台班； 3. 通信联络设备的使用及摊销

注：① 单层建筑物檐口高度超过 20 m，多层建筑物超过 6 层时，可按超高部分的建筑面积计算超高施工增加。计算层数时，地下室不计入层数。

　　② 同一建筑物有不同檐高时，可按不同高度的建筑面积分别计算建筑面积，以不同檐高分别编码列项。

二、定额计算规则

（1）各项定额中包括的内容是指单层建筑物檐口高度超过 20 m，多层建筑物超过 6 层的项目。

（2）装饰工程的超高增加费按超高部分的人工费、机械费乘以人工、机械的降效增加系数计算。

【案例 6-37】　某建筑平面及立面图如图 6-26 所示，墙厚为 240 mm。假设装饰 20～40 m 的装饰人工费为 45 000 元，装饰机械费为 9 000 元。试计算该建筑超高增加费并对其进行定额组价和清单组价（管理费为人工费的 10.05%，附加税采用工程项目在市区，即人工费的 0.83%，利润为人工费的 7.41%，不考虑人材机调差）。

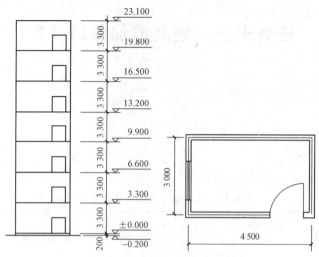

图 6-26 某建筑平面及立面图

定额基价表请查找江西定额及统一基价表或扫描下方二维码获取。

江西定额及统一基价表

引导问题 1：超高增加费在什么情况才需要计算？

_____

_____

引导问题 2：装饰工程超高增加费的计算规则是什么？

_____

_____

引导问题 3：准确计算的基础知识有哪些？

_____

_____

 小提示

　(1) 因建筑物檐高 20 m 以上的工程装饰施工加压及降效等原因需计算超高增加费。

　(2) 超高增加费应区别不同的垂直运输高度以人工费与机械费之和按元分别计算。

▲●■

案例解答：

装饰 20～40 m 的超高增加费工程量：

$S=45\,000+9\,000=54\,000$（元）

20～40 m 部分的建筑面积＝$3.24\times4.74=15.36$（m²）

装饰工程超高增加费分部分项和措施项目清单综合单价计算见表6-46。

表6-46　装饰工程超高增加费分部分项和措施项目清单综合单价计算表

序号	定额编号	项目名称	单位	单价	
				定额单价	其中：人工单价
一	17－149	垂直运输高度40 m内	元/元	4.50%（费率）	0
二	小计			0.05	0
三	企业管理费	人工费×（10.05%＋0.83%）	元	0.00	
四	利润	人工费×7.41%	元	0.00	
五	定额工程量		元	54 000.00	
六	总费用	五×（二＋三＋四）	元	2 430.00	
七	清单工程量		m²	15.36	
八	综合单价	六÷七	元/m²	0.05	

小提示

　　檐高是指设计室外地坪至檐口的高度。凸出主体建筑屋顶的电梯间、水箱间等不计入檐高。

▲●■

拓展问题：什么是檐高？

_____

_____

_____

⚙ 学与做

【案例6-38】　某单层建筑物外墙轴线尺寸如图6-27所示，墙厚均为200 mm，轴线居中，设20 m以上部分装饰工程人工费为18 620元，机械费为9 430元。试计算该建筑超高增加费并对其进行定额组价和清单组价（管理费为人工费的10.05%，附加税采用工程项目在市区，即人工费的0.83%，利润为人工费的7.41%，不考虑人材机调差）。

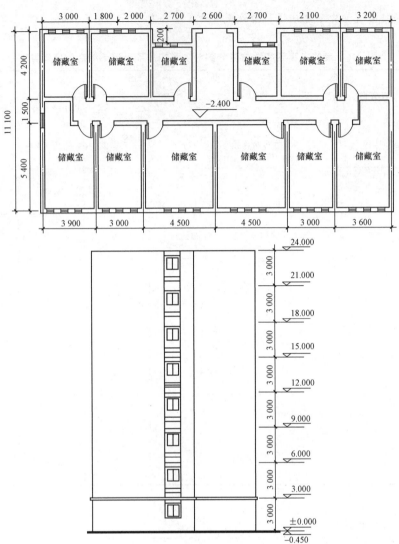

图 6-27 某单层建筑物外墙轴线尺寸

定额基价表请查找江西定额及统一基价表或扫描下方二维码获取。

江西定额及统一基价表

引导问题 1： 超高檐高不同超高增加费计算有何不同？

_____

_____

引导问题 2： 垂直运输的方式有哪些？

_____

_____

小提示

超高增加费区别单层建筑和多层建筑分别计量，在此基础上，再分别根据其檐高不同分别计量。

▲●■

案例解答：

_____

_____

_____

案例解答

小提示

（1）垂直运输方式有人工和机械两种。

（2）人工费和机械费可将建筑按不同高度截断后按工料机的分析法提取，也可用造价软件辅助提取。

▲●■

拓展问题 1：超高增加费清单与定额计算的异同有哪些？

_____

_____

拓展问题 2：20 m 以内是否要计算超高增加费？

_____

_____

【**案例 6-39**】　某教学楼立面图如图 6-28 所示，墙厚均为 240 mm，轴线居中。设其 20 m 以上部分装饰工程人工费为 15 360 元，机械费为 8 650 元；20 m 以上部分建筑面积为 360 m²。试计算该建筑超高增加费并对其进行定额组价和清单组价（管理费为人工费的 10.05%，附加税采用工程项目在市区，即人工费的 0.83%，利润为人工费的 7.41%，不考虑人材机调差）。

图 6-28　某教学楼立面图

定额基价表请查找江西定额及统一基价表或扫描下方二维码获取。

江西定额及统一基价表

案例解答：

案例解答

_____

_____

_____

_____

_____

_____

_____

总结拓展

（1）超高增加费清单按项计算，一幢楼计算1项，而定额中按超高部分的人工与机械费之和计算。

（2）20 m以内的不需要计算超高增加费。

▲●■

实战训练

计算住宅楼某高层建筑的超高增加费工程量。

图纸
（用浏览器扫描，
下载图纸文件）

微课（一）

微课（二）

任务书

评价

任务十四 装饰脚手架工程的计算

教与学

知识准备

一、清单计算规则

装饰脚手架工程清单计算规则见表 6-47。

表 6-47 装饰脚手架工程清单计算规则

项目编码	项目名称	项目特征	计量单位	工程量计算规则	工作内容
011701001	综合脚手架	1. 建筑结构形式； 2. 檐口高度	m²	按建筑面积计算	1. 场内、场外材料搬运； 2. 搭、拆脚手架、斜道、上料平台； 3. 安全网的铺设； 4. 选择附墙点与主体连接； 5. 测试电动装置、安全锁等； 6. 拆除脚手架后材料的堆放
011701002	外脚手架	1. 搭设方式； 2. 搭设高度； 3. 脚手架材质	m²	按所服务对象的垂直投影面积计算	1. 场内、场外材料搬运； 2. 搭、拆脚手架、斜道、上料平台； 3. 安全网的铺设； 4. 拆除脚手架后材料的堆放
011701003	里脚手架				
011701004	悬空脚手架	1. 搭设方式； 2. 悬挑宽度； 3. 脚手架材质	m²	按搭设的水平投影面积计算	
011701005	挑脚手架		m	按搭设长度乘以搭设层数以延长米计算	
011701006	满堂脚手架	1. 搭设方式； 2. 搭设高度； 3. 脚手架材质	m²	按搭设的水平投影面积计算	
011702007	整体提升架	1. 搭设方式及启动装置； 2. 搭设高度	m²	按所服务对象的垂直投影面积计算	1. 场内、场外材料搬运； 2. 选择附墙点与主体连接； 3. 搭、拆脚手架、斜道、上料平台； 4. 安全网的铺设； 5. 测试电动装置、安全锁等； 6. 拆除脚手架后材料的堆放

续表

项目编码	项目名称	项目特征	计量单位	工程量计算规则	工作内容
011702008	外装饰吊篮	1. 升降方式及启动装置； 2. 搭设高度及吊篮型号	m²	按所服务对象的垂直投影面积计算	1. 场内、场外材料搬运； 2. 吊篮的安装； 3. 测试电动装置、安全锁、平衡控制器等； 4. 吊篮的拆卸

注：①使用综合脚手架时，不再使用外脚手架、里脚手架等单项脚手架；综合脚手架适用能够按"建筑面积计算规则"计算建筑面积的建筑工程脚手架，不适用房屋加层、构筑物及附属工程脚手架。

②同一建筑物有不同檐高时，按建筑物竖向切面分别按不同檐高编列清单项目。

③整体提升架已包括 2 m 高的防护架体设施。

④建筑面积计算按《建筑工程建筑面积计算规范》（GB/T 50353—2013）。

⑤脚手架材质可以不描述，但应注明由投标人根据工程实际情况按照《建筑施工扣件式钢管脚手架安全技术规范》（JGJ 130—2011）、《建筑施工附着升降脚手架管理规定》等规范自行确定。

二、定额计算规则

（1）外脚手架、整体提升架按外墙外边线长度（含墙垛及附墙井道）乘以外墙高度以面积计算。

（2）计算内、外墙脚手架时，均不扣除门、窗、洞口、空圈等所占面积。同一建筑物高度不同时，应按不同高度分别计算。

（3）里脚手架按墙面垂直投影面积计算。

（4）独立柱按设计图示尺寸，以结构外围周长另加 3.6 m 乘以高度以面积计算。执行双排外脚手架定额项目乘以系数。

（5）满堂脚手架按室内净面积计算，其高度为 3.6～5.2 m 时计算基本层，5.2 m 以外，每增加 1.2 m 计算一个增加层，不足 0.6 m 按一个增加层乘以系数 0.5 计算。计算公式如下：

$$满堂脚手架增加层＝（室内净高－5.2）/1.2$$

（6）吊篮脚手架按外墙垂直投影面积计算，不扣除门窗洞口所占面积。

（7）内墙面粉饰脚手架按内墙面垂直投影面积计算，不扣除门窗洞口所占面积。

【案例 6-40】 某建筑平面图如图 6-29 所示，墙厚为 240 mm，层净高为 3 900 mm，板厚为 100 mm。试计算该建筑内墙粉饰脚手架工程量并对其进行定额组价和清单组价（管理费为人工费的 10.05％，附加税采用工程项目在市区，即人工费的 0.83％，利润为人工费的 7.41％，不考虑人材机调差）。

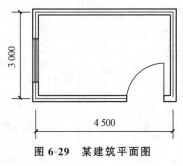

图 6-29 某建筑平面图

定额基价表请查找江西定额及统一基价表或扫描下方二维码获取。

江西定额及统一基价表

引导问题 1： 为什么要搭设脚手架？

_____

_____

_____

引导问题 2： 内墙粉饰脚手架的计算规则是什么？

_____

_____

_____

引导问题 3： 准确计算的基础知识有哪些？

_____

_____

_____

 小提示

（1）因人身高限制及施工方便需装饰施工时搭设脚手架。

（2）内墙面粉饰脚手架，均按内墙面垂直投影面积计算，不扣除门窗洞口的面积。

▲●■

案例解答：

$S=$（4.5＋3－0.24×2）×2×3.9＝54.76（m²）

粉饰脚手架分部分项和措施项目清单综合单价计算见表 6-48。

表 6-48　粉饰脚手架分部分项和措施项目清单综合单价计算表

序号	定额编号	项目名称	单位	单价	
				定额单价	其中：人工单价
一	17—65	内墙面粉饰脚手架	元/（100 m²）	222.4	199.75
二	小计			222.40	199.75
三	企业管理费	人工费×（10.05％＋0.83％）	元	21.73	

续表

序号	定额编号	项目名称	单位	单价	
				定额单价	其中：人工单价
四	利润	人工费×7.41%	元	14.80	
五	定额工程量		m²	54.76	
六	总费用	五×（二＋三＋四）	元	14 179.24	
七	清单工程量		m²	54.76	
八	综合单价	六÷七/100	元/m²	2.59	

 小提示

（1）综合脚手架中包括外墙砌筑及外墙粉饰、3.6 m 以内的内墙砌筑及混凝土浇捣用脚手架与内墙面和天棚粉饰脚手架。执行综合脚手架，有下列情况者，可另执行单项脚手架项目：墙面粉饰高度在 3.6 m 以外的执行内墙面粉饰脚手架项目；高度在 3.6 m 以外墙面装饰不能利用原砌筑脚手架时，可计算装饰脚手架。装饰脚手架执行双排脚手架定额乘以系数 0.3。室内凡计算满堂脚手架，墙面装饰不再计算墙面粉饰脚手架，只按每 100 m² 墙面垂直投影面积增加改架工 1.28 工日。

（2）脚手架有内墙粉刷脚手架、外墙外脚手架和满堂脚手架。

▲●■

拓展问题 1：在计算综合脚手架之后为什么还要计算装饰脚手架？

_____

_____

_____

拓展问题 2：装饰脚手架的类型有哪些？

_____

_____

_____

⚙ 学与做

【案例 6-41】　某建筑平面图如图 6-5 所示，墙厚均为 240 mm，层高为 4 200 mm，轴线居中。试计算其满堂脚手架工程量并对其进行定额组价和清单组价（管理费为人工费的 10.05%，附加税采用工程项目在市区，即人工费的 0.83%，利润为人工费的 7.41%，不考虑人材机调差）。

定额基价表请查找江西定额及统一基价表或扫描下方二维码获取。

江西定额及统一基价表

引导问题：满堂脚手架的计算规则是什么？

_____

_____

_____

案例解答：

_____

_____

_____

案例解答

拓展问题 1：什么情况下才要计算增加层？

_____

_____

_____

拓展问题 2：满堂脚手架的增加层数如何计算？

_____

_____

_____

拓展问题 3：计算满堂脚手架要不要再计算内墙粉刷脚手架？

_____

_____

_____

_____

【案例 6-42】　某单独装饰工程平面图如图 6-30 所示，墙厚均为 240 mm，净高为 3 800 mm，轴线居中。试计算该建筑内墙粉饰脚手架工程量并对其进行定额组价和清单组价（管理费为人工费的 10.05％，附加税采用工程项目在市区，即人工费的 0.83％，利润为人工费的 7.41％，不考虑人材机调差）。

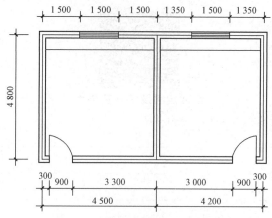

图 6-30　某单独装饰工程平面图

定额基价表请查找江西定额及统一基价表或扫描下方二维码获取。

江西定额及统一基价表

引导问题：外墙面脚手架的计算规则是什么？

_____

_____

_____

 小提示

装饰装修外脚手架，按外墙的外边线长乘墙高以平方米计算，不扣除门窗洞口的面积。

▲●■

案例解答：

_____

_____

_____

_____

_____

_____

_____

案例解答

小提示

　　因脚手架搭设与有没有门窗洞无关，因此，计算墙面粉刷脚手架不用扣除门窗洞面积。

▲●■

拓展问题：为什么计算墙面粉刷脚手架不用扣除门窗洞面积？

_____

_____

_____

总结拓展

　　（1）脚手架清单与定额计算规则相同，但清单的工程量单位为 m^2，而定额为 $100\ m^2$。

　　（2）外装饰脚手架与内墙粉刷脚手架的区别有两点：一是外装饰脚手架与内墙粉刷脚手架的部位不同；二是计算方法上，外装饰脚手架以外墙外边线乘墙高，内墙粉刷脚手架按内墙净长乘以墙高。

▲●■

实战训练

　　计算住宅楼装饰脚手架工程量。

图纸　　　　　　　　　　微课　　　　　　　　　　任务书　　　　　　　　　　评价

（用浏览器扫描，
下载图纸文件）

任务十五　垂直运输费的计算

教与学

知识准备

一、清单计算规则

垂直运输费清单计算规则见表 6-49。

表 6-49　垂直运输费清单计算规则

项目编码	项目名称	项目特征	计量单位	工程量计算规则	工作内容
011703001	垂直运输	1. 建筑物建筑类型及结构形式； 2. 地下室建筑面积； 3. 建筑物檐口高度、层数	1. m²； 2. 天	1. 按建筑面积计算； 2. 按施工工期日历天数计算	1. 垂直运输机械的固定装置、基础制作、安装； 2. 行走式垂直运输机械轨道的铺设、拆除、摊销

注：①建筑物的檐口高度是指设计室外地坪至檐口滴水的高度（平屋顶是指屋面板底高度），凸出主体建筑物屋顶的电梯机房、楼梯出口间、水箱间、瞭望塔、排烟机房等不计入檐口高度。

　　②垂直运输是指施工工程在合理工期内所需垂直运输机械。

　　③同一建筑物有不同檐高时，按建筑物的不同檐高做纵向分割，分别计算建筑面积，以不同檐高分别编码列项。

二、定额计算规则

（1）建筑物垂直运输机械台班用量，区分不同建筑物结构及檐高按建筑面积计算。地下室面积与地上面积合并计算。

（2）单独装饰工程垂直运输费区分不同檐高按定额工日计算。

【案例 6-43】　某单独装饰工程如图 6-31 所示，一层装饰工日数为 118 工日，二层装饰工日数为 130 工日，轴线均居中。试计算建筑的垂直运输费工程量并对其进行定额组价和清单组价（管理费为人工费的 10.05%，附加税采用工程项目在市区，即人工费的 0.83%，利润为人工费的 7.41%，不考虑人材机调差）。

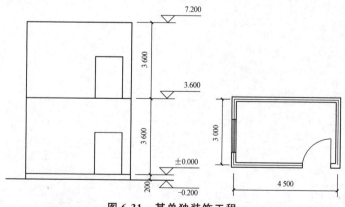

图 6-31　某单独装饰工程

定额基价表请查找江西定额及统一基价表或扫描下方二维码获取。

江西定额及统一基价表

引导问题1：为什么是垂直运输？

_____

_____

_____

引导问题2：垂直运输的计算规则是什么？

_____

_____

_____

引导问题3：准确计算的基础知识有哪些？

_____

_____

_____

小提示

（1）因施工垂直方向运输材料而需要计算垂直运输费。

（2）单独装饰工程垂直运输费区分不同檐高按定额工日计算。

▲●■

案例解答：

机械垂直运输工程量＝118＋130＝248（工日）

垂直运输分部分项和措施项目清单综合单价计算见表6-50。

表6-50　垂直运输分部分项和措施项目清单综合单价计算表

序号	定额编号	项目名称	单位	单价	
				定额单价	其中：人工单价
一	17—130	单独装饰多层建筑檐高（20 m以内）	元/(100工日)	367.6	0
二	小计			367.60	0
三	企业管理费	人工费×（10.05%＋0.83%）	元	0.00	
四	利润	人工费×7.41%	元	0.00	

续表

序号	定额编号	项目名称	单位	单价	
				定额单价	其中：人工单价
五	定额工程量		工日	248.00	
六	总费用	五×（二＋三＋四）	元	91 164.80	
七	清单工程量		天	248.00	
八	综合单价	六÷七/100	元/m²	3.68	

小提示

檐高在 3.6 m 以内的单层建筑，不计算垂直运输机械台班。檐高超过 3.6 m 的单层建筑才需要计算。

▲●■

拓展问题：单层建筑需不需要计算垂直运输费？

_____

_____

_____

_____

_____

学与做

【案例6-44】 某多层建筑物外墙轴线尺寸如图 6-27 所示，墙厚均为 240 mm，轴线居中，设六层及以下装饰工日数为 9980 工日，七层及以上装饰工日数为 450 工日。试计算建筑的垂直运输费工程量并对其进行定额组价和清单组价（管理费为人工费的 10.05%，附加税采用工程项目在市区，即人工费的 0.83%，利润为人工费的 7.41%，不考虑人材机调差）。

引导问题：多层建筑的垂直运输费如何计算？

_____

_____

_____

_____

小提示

高层建筑垂直运输费的计算要区别不同高度计算。

▲●■

案例解答：

小提示

单层建筑与多层建筑的垂直运输费基价不同，因此，即使高度相同的单层、多层建筑应分别计量。

▲●■

拓展问题： 单层建筑与多层建筑垂直运输费计算有无区别？

【**案例 6-45**】 某单层建筑平面图如图 6-32 所示，墙厚均为 200 mm，轴线居中，设其装饰工日数为 2 130 工日。试计算建筑的垂直运输费工程量并对其进行定额组价和清单组价（管理费为人工费的 10.05%，附加税采用工程项目在市区，即人工费的 0.83%，利润为人工费的 7.41%，不考虑人材机调差）。

定额基价表请查找江西定额及统一基价表或扫描下方二维码获取。

江西定额及统一基价表

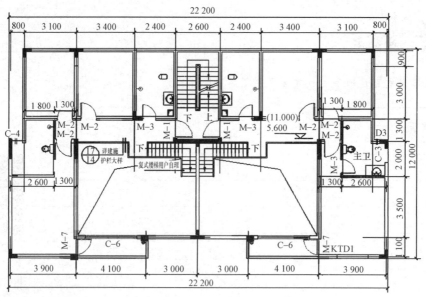

图 6-32 某单层建筑平面图

案例解答：

_____

_____

_____

_____

案例解答

实战训练

计算住宅楼垂直运输费的工程量。

图纸

(用浏览器扫描，
下载图纸文件)

微课

任务书

评价

项目七 垂直运输费、超高层增加费和脚手架工程

知识目标

1. 熟悉垂直运输费、超高层增加费和脚手架工程清单计算规则。
2. 熟悉垂直运输费、超高层增加费和脚手架工程定额计算规则。

技能目标

能够掌握垂直运输费、超高层增加费和脚手架工作量计算方法。

素质目标

1. 培养学生独立思考能力。
2. 培养学生创新精神和创新能力。
3. 培养学生团队合作精神和管理能力。

1+X证书考点

1. 垂直运输费。
2. 超高层增加费。
3. 脚手架工程。

计算规范

清单规范

定额规范

 小故事大智慧

项目七　垂直运输费、超高层增加费和脚手架工程

姓名：　　　　　　　　　　班级：　　　　　　　　　　日期：

垂直运输费工程工程量列项示意如图 7-1 所示。

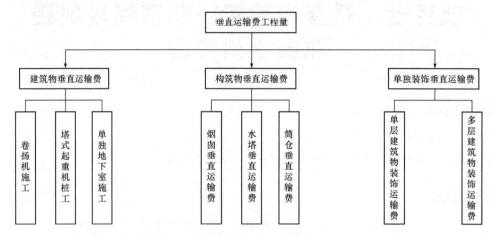

图 7-1　垂直运输费工程工程量列项示意

超高层增加费工程量列项示意如图 7-2 所示。

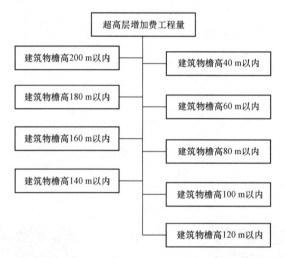

图 7-2　超高增加费工程量列项示意

脚手架工程工程量列项示意如图 7-3 所示。

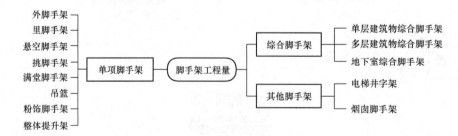

图 7-3　脚手架工程工程量列项示意

任务一　土建工程建筑物垂直运输的计算

⊕ 教与学

知识准备

一、垂直运输机械

建筑工程中常用的垂直运输机械有塔式起重机、井字架、龙门架、卷扬机、建筑施工电梯等（图 7-4）。

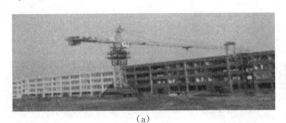　

(a)　　　　　　　　　　　　　　　　　　　　　　　　　(b)

图 7-4　垂直运输机械

（a）塔式起重机；（b）卷扬机

二、清单计算规则

垂直运输费清单计算规则见表 6-49。

三、定额计算规则

（1）建筑物垂直运输机械台班用量，区分不同建筑物结构及檐高按建筑面积计算。地下室面积与地上面积合并计算。

（2）本任务按泵送混凝土考虑，如采用非泵送，垂直运输费按以下方法增加：相应项目乘以调增系数 8%，再乘以非泵送混凝土数量占全部混凝土数量的百分比。

（3）单独装饰工程垂直运输费区分不同檐高按定额工日计算。

【**案例 7-1**】　某建筑物 6 层，结构类型为框架结构，檐口高度为 19.6 m，每层建筑面积为 500 m²，采用塔式起重机施工，试对其进行定额组价并计算清单综合单价（管理费为人工费的 23.29%，附加税采用工程项目在市区，即人工费的 1.84%，利润为人工费的 15.99%，不考虑人材机调差）。

定额基价表请查找江西定额及统一基价表或扫描下方二维码获取。

江西定额及统一基价表

引导问题 1：工程中常用的垂直运输机械有哪些？

_____

_____

引导问题 2：施工现场垂直运输机械如何选择？

_____

_____

_____

_____

引导问题 3：垂直运输的概念是什么？

_____

_____

_____

_____

_____

引导问题 4：垂直运输的定额包括哪些工作内容？

_____

_____

_____

_____

_____

引导问题 5：檐高的定义是什么？

_____

_____

_____

_____

_____

_____

 小提示

（1）地下室以首层室内地坪以下的建筑面积计算，半地下室并入上部建筑物计算，分地下一层、二层套用相应定额。

（2）垂直运输设施是指担负垂直输送材料和施工人员上下的机械设备与设施。

（3）建筑物垂直运输区分不同建筑物的结构类型和高度，按建筑物设计室外地坪以上的建筑面积以平方米计算。

（4）檐高是指设计室外地坪至檐口的滴水高度，凸出主体建筑屋顶的楼梯间、电梯间、屋顶水箱间、屋面天窗等不计入檐口高度。层数是指建筑物地面以上部分的层数，凸出主体建筑屋顶的楼梯间、电梯间、水箱间等不计算层数。

▲●■

案例解答：

（1）20 m 以内框架结构塔式起重机垂直运输。

工程量：$S = 500 \times 6 = 3\,000$（$m^2$）

垂直运输项目清单综合单价计算见表 7-1。

表 7-1 垂直运输项目清单综合单价计算表

序号	定额编号	项目名称	单位	单价	
				定额单价	其中：人工单价
一	17—92	塔式起重机施工 现浇框架	元/（100 m^2）	1 910.46	209.27
二	小计			1 910.46	209.27
三	企业管理费	人工费×（23.29%+1.84%）	元	52.59	
四	利润	人工费×15.99%	元	33.46	
五	定额工程量		m^2	3 000.00	
六	总费用	五×（二+三+四）	元	5 989 535.47	
七	清单工程量		m^2	3 000.00	
八	综合单价	六÷七/100	元/m^2	19.97	

小提示

（1）垂直运输工程量每层建筑面积乘以层数，并套用相应的定额。

（2）定额项目的划分是以建筑物檐高、层数两个指标界定的，只要有一个指标达到定额规定，即可套用定额项目。

▲●■

拓展问题 1： 不同建筑物的结构类型如何计算垂直运输的工程量？

_____

_____

_____

拓展问题 2： 若建筑物的檐高超过 20 m 以上者如何计算其工程量？

_____

_____

_____

拓展问题3： 多个单项工程垂直运输组的垂直运输费如何套用？

_____

_____

_____

【案例7-2】 某建筑物共11层，檐高为35.9 m，塔式起重机施工，框架结构，每层的建筑面积均为600 m²，第一层层高为5 m，第二层为3.9 m，试对其进行定额组价并计算清单综合单价（管理费为人工费的23.29%，附加税采用工程项目在市区，即人工费的1.84%，利润为人工费的15.99%，不考虑人材机调差）。

定额基价表请查找江西定额及统一基价表或扫描下方二维码获取。

江西定额及统一基价表

引导问题1： 如何区分结构类型？

_____

_____

_____

引导问题2： 如何计算另计的超高垂直运输费？

_____

_____

_____

 小提示

（1）确定檐高，垂直运输设备类型及结构类型。

（2）定额层高按3.6 m考虑，超过3.6 m者，应另计层高超高垂直运输增加费，每超过1 m，其超高部分按相应定额增加10%。超高不足1 m，按1 m计算。

▲●■

案例解答：

均套17−99定额子目，40 m以内塔式起重机垂直运输。

但根据定额说明：超过3.6 m的应另计层高超高垂直运输增加费，每超过1 m，其超高部分按相应定额增加10%。超高不足1 m，按1 m计算。

第1层：（5−3.6）＝1.4（m），定额应该增加20%，建筑面积为600 m²。

第2层（3.9−3.6）＝0.3（m）定额应该增加10%，建筑面积为600 m²。

第3～11层：建筑面积为600×9＝5 400（m²）。

清单工程量：600×11＝6 600（m²）

垂直运输项目清单综合单价计算见表7-2。

表7-2 垂直运输项目清单综合单价计算表

序号	定额编号	项目名称	单位	单价		备注
				定额单价	其中：人工单价	
一	17—99	塔式起重机施工 现浇框架	元/(100 m²)	3 067.44	710.328	第1层
二	小计			3 067.44	710.328	
三	企业管理费	人工费×（23.29%＋1.84%）	元	178.51		
四	利润	人工费×15.99%	元	113.58		
五	定额工程量		m²	600.00		
六	总费用	五×（二＋三＋四）	元	2 015 716.12		
七	17—99	塔式起重机施工 现浇框架	元/(100 m²)	2 811.82	651.134	第2层
八	小计			2 811.82	651.134	
九	企业管理费	人工费×（23.29%＋1.84%）	元	163.63		
十	利润	人工费×15.99%	元	104.12		
十一	定额工程量		m²	600.00		
十二	总费用	十一×（八＋九＋十）	元	1 847 739.78		
十三	17—99	塔式起重机施工 现浇框架	元/(100 m²)	2 556.20	591.94	第3～11层
十四	小计			2 556.20	591.94	
十五	企业管理费	人工费×（23.29%＋1.84%）	元	148.75		
十六	利润	人工费×15.99%	元	94.65		
十七	定额工程量		m²	5 400.00		
十八	总费用	十七×（十四＋十五＋十六）	元	15 117 870.93		
十九	清单工程量		m²	6 600.00		
二十	综合单价	（六＋十二＋十八）÷十九/100	元/m²	28.76		

拓展问题：建筑工程垂直运输怎么取费及套定额？

_____

_____

_____

⚙ 学与做

【案例 7-3】　某建筑物如图 7-5 所示，分三个单元，均为框架结构，采用塔式起重机施工。第一个单元共 20 层，檐高高度为 62.7 m，建筑面积每层为 300 m²；第二个单元共 18 层，檐口高度为 49.7 m，建筑面积每层为 500 m²；第三个单元共 15 层，檐口高度为 35.7 m，建筑面积每层为 200 m²；有地下室一层，建筑面积为 1 000 m²。试对其进行定额组价并计算清单综合单价（管理费为人工费的 23.29％，附加税采用工程项目在市区，即人工费的 1.84％，利润为人工费的 15.99％，不考虑人材机调差）。

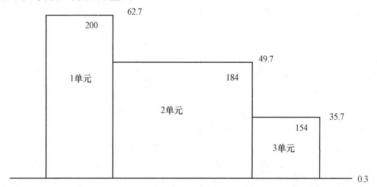

图 7-5　某建筑物

定额基价表请查找江西定额及统一基价表或扫描下方二维码获取。

江西定额及统一基价表

案例解答：

_____

_____

_____

案例解答

_____

_____

_____

_____

总结拓展

　　（1）垂直运输按面积计算，区别：3.6 m 以上计算垂直运输费，并且在 2017 年江西定额及统一基价表计算规则里面分（6 层以内）20 m 以内、（6 层以上）40 m 以内、70 m 以内等分别计算。

　　（2）地下室套单独的垂直运输子目。

▲●■

实战训练

　　计算住宅楼垂直运输的工程量。

图纸　　　　　　　　微课　　　　　　　　任务书　　　　　　　　评价

(用浏览器扫描，
下载图纸文件)

任务二　土建工程建筑物超高增加费的计算

 教与学

知识准备

（1）建筑物超高增加费的内容包括人工降效、其他机械降效、用水加压等费用。

（2）建筑物檐高 20 m（层数 6 层）以上的工程要计算超高增加费。

（3）清单计算规则。超高施工增加清单计算规则见表 6-45。

（4）定额计算规则。

①各项定额中包括的内容是指单层建筑物檐口高度超过 20 m，多层建筑物超过 6 层的项目。

②建筑工程超高增加费的人工、机械按建筑物超高部分的建筑面积计算。

③装饰工程的超高增加费按超高部分的人工费、机械费乘以人工、机械的降效增加系数计算。

【案例 7-4】　某 7 层建筑如图 7-6 所示，每层高度为 3 m，面积均为 1 000 m²，试对其进行定额组价并计算清单综合单价（管理费为人工费的 23.29％，附加税采用工程项目在市区，即人工费的 1.84％，利润为人工费的 15.99％，不考虑人材机调差）。

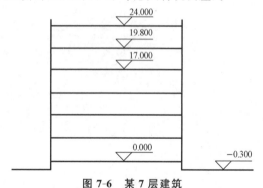

图 7-6　某 7 层建筑

定额基价表请查找江西定额及统一基价表或扫描下方二维码获取。

江西定额及统一基价表

引导问题：建筑物超高增加费的含义是什么？

_____

_____

💡 *小提示*

理解层高超高的概念，熟悉定额中层高超高工程量的计算规则及工作内容。

──────────────────────────── ▲●■

案例解答：

（1）据题意，本案例建筑物超高增加费套 17—137 超过 6 层且檐高 40 m 以内。

（2）清单工程量＝定额工程量为 1 000 m²（建筑物超高增加费定义是建筑物超高增加人工、机械定额适用单层建筑物檐口高度超过 20 m，多层建筑物超过 6 层的项目，本案例只有第 7 层才需要计算超高增加费）。

超高运输费项目清单综合单价计算见表 7-3。

表 7-3　超高运输费项目清单综合单价计算表

序号	定额编号	项目名称	单位	单价	
				定额单价	其中：人工单价
一	17—137	塔式起重机施工 现浇框架	元／（100 m²）	1 468.08	1 450.95
二	小计			1 468.08	1 450.95
三	企业管理费	人工费×（23.29%＋1.84%）	元	364.62	
四	利润	人工费×15.99%	元	232.01	
五	定额工程量		m²	1 000.00	
六	总费用	五×（二＋三＋四）	元	2 064 710.64	
七	清单工程量		m²	1 000.00	
八	综合单价	六÷七/100	元/m²	20.65	

 小提示

确定檐高，计算超高人工降效增加费，并套用相应的人工定额。

▲●■

拓展问题： 建筑物适应范围是什么？

_____

_____

_____

_____

⚙ **学与做**

【**案例 7-5**】　某综合楼 A、B 单元各层建筑面积见表 7-4。按 2017 年江西定额及统一基价表计算规则计算超高施工增加费用。

表 7-4　某综合楼 A、B 单元各层建筑面积

层次	A 单元			B 单元		
	层数	层高/m	建筑面积/m²	层数	层高/m	建筑面积/m²
地下	1	3.6	1 000	1	3.6	800
首层	1	3.6	1 000	1	3.6	800
标准层	2	3.2	2 000	7	3.2	5 600
顶层	1	4	1 000	1	3	800
合计	4		5 000	9		8 000

引导问题： 怎么确定檐高？

案例解答：

拓展问题： 超高增加费在定额中包括哪些内容？

总结拓展

　　建筑物超高增加费以超过檐高 20 m 以上（6 层）的建筑面积以平方米计算超高部分的建筑面积按《建筑工程建筑面积计算规范》（GB/T 50353—2013）的规定计算。建筑物超高增加人工、机械定额适用单层建筑物檐口高度超过 20 m，多层建筑物超过 6 层的项目。

▲●■

实战训练

　　计算住宅楼超高增加费的工程量。

图纸　　　　　　　微课　　　　　　　任务书　　　　　　　评价

（用浏览器扫描，
下载图纸文件）

任务三　脚手架工程的计算

 教与学

知识准备

一、脚手架的概念

脚手架是为安全维护、堆放材料、工人超作及解决楼层间少量垂直运输和水平运输而搭设的临时性支架。按其搭配位置不同可分为外脚手架和里脚手架。外脚手架有钢管扣件式脚手架、碗扣式脚手架、门式脚手架、悬挑式脚手架、悬吊式脚手架和爬升式脚手架等；里脚手架有凳式里脚手架、梯式里脚手架、组合式操作平台。

二、清单计算规则

脚手架工程清单计算规则见表7-5。

表 7-5　脚手架工程清单计算规则

项目编码	项目名称	项目特征	计量单位	工程量计算规则	工作内容
011701001	综合脚手架	1. 建筑结构形式； 2. 檐口高度	m²	按建筑面积计算	1. 场内、场外材料搬运； 2. 搭、拆脚手架、斜道、上料平台； 3. 安全网的铺设； 4. 选择附墙点与主体连接； 5. 测试电动装置、安全锁等； 6. 拆除脚手架后材料的堆放
011701006	满堂脚手架	1. 搭设方式； 2. 搭设高度； 3. 脚手架材质		按搭设的水平投影面积计算	1. 场内、场外材料搬运； 2. 搭、拆脚手架、斜道、上料平台； 3. 安全网的铺设； 4. 拆除脚手架后材料的堆放

三、定额计算规则

（1）综合脚手架按设计图示尺寸以建筑面积计算。

（2）满堂脚手架按室内净面积计算，其高度为3.6～5.2 m时计算基本层，5.2 m以外，每增加1.2 m计算一个增加层，不足0.6 m按一个增加层乘以系数0.5计算。其计算公式如下：

$$满堂脚手架增加层＝（室内净高－5.2）/1.2$$

【案例7-6】　某综合楼为框架结构，A、B单元各层建筑面积见表7-4。按2017年江西定额及统一基价表计算规则计算综合脚手架面积及对其进行定额组价并计算清单综合单价（管理费为人工费的 23.29%，附加税采用工程项目在市区，即人工费的 1.84%，利润为人工费的 15.99%，不考虑人材机调差）。

定额基价表请查找江西定额及统一基价表或扫描下方二维码获取。

江西定额及统一基价表

引导问题 1： 综合脚手架包括哪些工作内容？

_____

_____

_____

_____

引导问题 2： 综合脚手架计算分类以什么区分？

_____

_____

_____

_____

_____

案例解答：

（1）地下室部分：

列项套 17－44 定额，地下室综合脚手架、一层

清单工程量＝定额工程量 $S=1\,000+800=1\,800$（m^2）

地下室综合脚手架项目清单综合单价计算见表 7-6。

表 7-6　地下室综合脚手架项目清单综合单价计算表

序号	定额编号	项目名称	单位	单价	
				定额单价	其中：人工单价
一	17－44	地下室综合脚手架 一层	元/（100 m^2）	1 215.22	762.71
二	小计			1 215.22	762.71
三	企业管理费	人工费×（23.29%＋1.84%）	元	191.67	
四	利润	人工费×15.99%	元	121.96	

续表

序号	定额编号	项目名称	单位	单价	
				定额单价	其中：人工单价
五	定额工程量		m²	1 800.00	
六	总费用	五×（二＋三＋四）	元	2 751 923.43	
七	清单工程量		m²	1 800.00	
八	综合单价	六÷七/100	元/m²	15.29	

（2）A 单元部分：

列项套 17—9，多层建筑综合脚手架 框架结构（檐高 20 m 内）

清单工程量＝定额工程量 S＝1 000＋2 000＋1 000＝4 000（m²）

A 单元综合脚手架项目清单综合单价计算见表 7-7。

表 7-7　A 单元综合脚手架项目清单综合单价计算表

序号	定额编号	项目名称	单位	单价	
				定额单价	其中：人工单价
一	17—9	多层建筑综合脚手架 框架结构（檐高 20 m 以内）	元/（100 m²）	3 544.98	1 841.36
二	小计			3544.98	1841.36
三	企业管理费	人工费×（23.29%＋1.84%）	元	462.73	
四	利润	人工费×15.99%	元	294.43	
五	定额工程量		m²	4 000.00	
六	总费用	五×（二＋三＋四）	元	17 208 588.93	
七	清单工程量		m²	4 000.00	
八	综合单价	六÷七/100	元/m²	43.02	

（3）B 单元部分：

列项套 17—10，多层建筑综合脚手架 框架结构（檐高 30 m 内）

清单工程量＝定额工程量 S＝800×9＝7 200（m²）

B 单元综合脚手架项目清单综合单价计算见表 7-8。

表 7-8　B 单元综合脚手架项目清单综合单价计算表

序号	定额编号	项目名称	单位	单价	
				定额单价	其中：人工单价
一	17—10	多层建筑综合脚手架 框架结构（檐高 30 m 以内）	元/（100 m²）	4 160.65	2 134.61
二	小计			4 160.65	2 134.61
三	企业管理费	人工费×（23.29％＋1.84％）	元	536.43	
四	利润	人工费×15.99％	元	341.32	
五	定额工程量		m²	7 200.00	
六	总费用	五×（二＋三＋四）	元	36 276 491.75	
七	清单工程量		m²	7 200.00	
八	综合单价	六÷七/100	元/m²	50.38	

拓展问题： 各种脚手架的适用范围是什么？

_____

_____

_____

⚙ 学与做

【案例 7-7】　多层混合结构办公楼建筑如图 7-7 所示，外墙墙厚为 200 mm。按 2017 年江西定额及统一基价表计算规则计算综合脚手架面积及对其进行定额组价并计算清单综合单价（管理费为人工费的 23.29％，附加税采用工程项目在市区，即人工费的 1.84％，利润为人工费的 15.99％，不考虑人材机调差）。

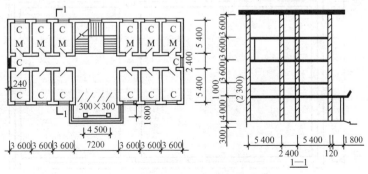

图 7-7　多层混合结构办公楼建筑

定额基价表请查找江西定额及统一基价表或扫描下方二维码获取。

江西定额及统一基价表

引导问题：对于建筑物内的设备层、管道层、避难层等有结构层的楼层，该如何计算建筑面积？

_____

_____

案例解答：

_____

_____

_____

_____

案例解答

_____

拓展问题：从事脚手架搭设人员应佩戴哪些防护用品？

_____

_____

【案例 7-8】　某框架建筑工程二层会议室如图 7-8 所示，楼层层高为 4 m，楼板厚度为 200 mm，天棚面距楼面为 3.8 m，请按 2017 年江西定额及统一基价表计算规则计算该会议室天棚脚手架面积及对其进行定额组价并计算清单综合单价（管理费为人工费的 23.29%，附加税采用工程项目在市区，即人工费的 1.84%，利润为人工费的 15.99%，不考虑人材机调差）。

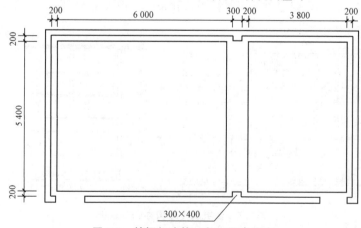

图 7-8　某框架建筑工程二层会议室

定额基价表请查找江西定额及统一基价表或扫描下方二维码获取。

江西定额及统一基价表

引导问题：满堂脚手架按什么面积计算？

_____

_____

_____

案例解答：

_____

_____

_____

_____

_____

案例解答

拓展问题：什么情况下需要计算满堂脚手架？

_____

_____

_____

⊕ 实战训练

计算住宅楼脚手架工程量。

图纸　　　　　　　微课　　　　　　　任务书　　　　　　　评价
（用浏览器扫描，
下载图纸文件）

参 考 文 献

[1] 中华人民共和国住房和城乡建设部. 建设工程工程量清单计价规范 GB 50500—2013 [S]. 北京：中国计划出版社，2013.

[2] 江西省建设工程造价管理局. 江西省房屋建筑与装饰工程消耗量定额及统一基价表 [M]. 长沙：湖南科学技术出版社，2017.

[3] 江西省建设工程造价管理局. 江西省装配式建筑工程消耗量定额及统一基价表（试行）[M]. 北京：中国建筑工业出版社，2017.

[4] 袁建新. 建筑工程预算 [M]. 6 版. 北京：中国建筑工业出版社，2020.

[5] 任波远，孟丽，姜春燕. 建筑工程预算 [M]. 3 版. 北京：机械工业出版社，2019.

[6] 杨德富. 实用建筑工程预算 [M]. 北京：中国建筑工业出版社，2021.

[7] 杨建林. 建筑工程定额与预算 [M]. 北京：清华大学出版社，2019.